沙尘天气年鉴

2021 年

中国气象局　编

SAND-DUST WEATHER ALMANAC 2021

气象出版社
China Meteorological Press

图书在版编目（CIP）数据

沙尘天气年鉴. 2021年 / 中国气象局编. -- 北京 : 气象出版社, 2023.6
ISBN 978-7-5029-7981-2

Ⅰ. ①沙… Ⅱ. ①中… Ⅲ. ①沙尘暴—中国—2021—年鉴 Ⅳ. ①P425.5-54

中国国家版本馆CIP数据核字(2023)第100616号

沙尘天气年鉴2021年
Shachen Tianqi Nianjian 2021 Nian

出版发行：气象出版社
地　　址：北京市海淀区中关村南大街46号　　**邮政编码**：100081
电　　话：010-68407112（总编室）　010-68408042（发行部）
网　　址：http：//www.qxcbs.com　　**E-mail**：qxcbs@cma.gov.cn
责任编辑：陈　红　　**终　　审**：张　斌
责任校对：张硕杰　　**责任技编**：赵相宁
封面设计：地大彩印设计中心
印　　刷：北京建宏印刷有限公司
开　　本：787 mm×1092 mm　1/16　　**印　　张**：5.5
字　　数：141千字
版　　次：2023年6月第1版　　**印　　次**：2023年6月第1次印刷
定　　价：55.00元

《沙尘天气年鉴2021年》编委会

主　　　　编：南　洋

副　主　编：安林昌　张碧辉

编　写　人　员

国家气象中心：李　明　谢　超　尤　媛

桂海林　饶晓琴　徐　冉

王继康　赵彦哲　迟茜元

国家气候中心：杨明珠　艾婉秀　钟海玲

国家卫星气象中心：刘清华　杨冰韵　王　新

前　言

沙尘天气是风将地面尘土、沙粒卷入空中，使空气混浊的一种天气现象的统称，是影响我国北方地区的主要灾害性天气之一。强沙尘天气的发生往往给当地人民的生命财产造成巨大损失。

近年来，随着社会、经济的发展，沙尘天气给国民经济、生态环境和社会活动等诸多方面造成的灾害性影响越来越受到我国社会各界和国际上的关注。我国对沙尘天气及其危害非常重视，监测手段的逐渐增多以及沙尘天气研究工作取得的进展，使沙尘天气的预报水平不断地提高，为防御和减轻沙尘天气造成的损失做出了重要贡献。

为了适应沙尘天气科学研究的需要，也为了给各级气象台站气象业务技术人员提供更充分的沙尘天气信息，更好地掌握沙尘天气活动规律，提高预报准确率，国家气象中心组织整编了《沙尘天气年鉴 2021 年》。年鉴中有关资料承蒙全国各有关省、自治区、直辖市气象局的大力协助和支持，使编写工作得以顺利完成。

《沙尘天气年鉴 2021年》的内容包括对 2021年沙尘天气过程概况的描述和沙尘天气产生的气象条件分析，全年和逐月沙尘天气时空分布及主要沙尘天气过程相关图表等。

FOREWORD

Sand-dust weather is the phenomenon that wind blows dust and sand from ground into the air and makes it turbid. It's one of the main disastrous weather phenomena influencing northern areas of our country. Great casualties of people's lives and properties occur in these areas because of severe sand-dust weather.

In recent years, with the development of society and economy, the disastrous influence of sand-dust weather on national economy, ecology and social life has become a hot issue in China, even in the world. With more and more attention to sand-dust weather and gradual increment of monitoring ways, the sand-dust weather research has been made and forecast level for this kind of weather has been improved, which contributes a lot to loss mitigation and sand-dust weather prevention.

In order to meet the requirements of sandstorm research, provide more sufficient sand-dust weather information for weather forecasters, National Meteorological Center compiled this *Sand-dust Weather Almanac* 2021. The volume of almanac not only assists us by obtaining further knowledge on the behavior of sandstorm and improving forecast accuracy but provides better service for prevention of sandstorm as well. Thanks for the contribution of sand-dust data from relevant meteorological sections. We own the success of this compilation to the great support of all the meteorological observatories and stations country-wide.

Sand-dust Weather Almanac 2021 covers the annual general situation and meteorological background of sand-dust weather, annual and monthly temporal and spatial distribution charts of different types of sand-dust weather, as well as some charts and tables of main sand-dust weather cases in 2021.

说　明

一、沙尘天气及沙尘天气过程的定义

本年鉴有关沙尘天气及沙尘天气过程的定义执行国家标准《沙尘暴天气等级》(GB/T 20480－2006)。

沙尘天气分为浮尘、扬沙、沙尘暴、强沙尘暴和特强沙尘暴五类。

1. 浮尘：当天气条件为无风或平均风速≤3.0 m/s 时，尘沙浮游在空中，使水平能见度小于 10 km 的天气现象。
2. 扬沙：风将地面尘沙吹起，使空气相当混浊，水平能见度在 1～10 km 的天气现象。
3. 沙尘暴：强风将地面尘沙吹起，使空气很混浊，水平能见度小于 1 km 的天气现象。
4. 强沙尘暴：大风将地面尘沙吹起，使空气非常混浊，水平能见度小于 500 m 的天气现象。
5. 特强沙尘暴：狂风将地面尘沙吹起，使空气特别混浊，水平能见度小于 50 m 的天气现象。

沙尘天气过程分为五类：浮尘天气过程、扬沙天气过程、沙尘暴天气过程、强沙尘暴天气过程和特强沙尘暴天气过程。

1. 浮尘天气过程：在同一次天气过程中，相邻 5 个或 5 个以上国家基本（准）站在同一观测时次出现了浮尘的沙尘天气。
2. 扬沙天气过程：在同一次天气过程中，相邻 5 个或 5 个以上国家基本（准）站在同一观测时次出现了扬沙或更强的沙尘天气。
3. 沙尘暴天气过程：在同一次天气过程中，相邻 3 个或 3 个以上国家基本（准）站在同一观测时次出现了沙尘暴或更强的沙尘天气。
4. 强沙尘暴天气过程：在同一次天气过程中，相邻 3 个或 3 个以上国家基本（准）站在同一观测时次成片出现了强沙尘暴或特强沙尘暴天气。
5. 特强沙尘暴天气过程：在同一次天气过程中，相邻 3 个或 3 个以上国家基本（准）站在同一观测时次出现了特强沙尘暴的沙尘天气。

为了同往年《沙尘天气年鉴》统一，依照中国气象局《沙尘天气预警业务服务暂行规定（修订)》(气发〔2003〕12 号)，本年鉴只统计和分析浮尘、扬沙、沙尘暴和强沙尘暴四类沙尘天气以及扬沙天气过程、沙尘暴天气过程和强沙尘暴天气过程三类沙尘天气过程。

二、资料与统计方法

2021 年沙尘天气日数和站数、沙尘天气过程和强度等是逐日 8 个时次（时界：北京时 00 时）地面观测资料的统计结果。

具体统计方法如下：

1. 对测站沙尘日、扬沙日、沙尘暴日、强沙尘暴日的规定：

（1）某测站一日 8 个时次只要有一个时次出现沙尘天气，则该站记有一个沙尘日；
（2）某测站一日 8 个时次只要有一个时次出现了扬沙、沙尘暴或强沙尘暴，记有一个扬沙日；
（3）某测站一日 8 个时次只要有一个时次出现沙尘暴或强沙尘暴，记有一个沙尘暴日；
（4）某测站一日 8 个时次只要有一个时次出现强沙尘暴，记有一个强沙尘暴日。

2. 对某一天沙尘天气、扬沙、沙尘暴、强沙尘暴站数的规定：
（1）某一天出现沙尘天气站数的总和为该日的沙尘天气站数；
（2）某一天出现扬沙、沙尘暴及强沙尘暴站数的总和为该日的扬沙站数；
（3）某一天出现沙尘暴及强沙尘暴站数的总和为该日的沙尘暴站数；
（4）某一天出现强沙尘暴站数的总和为该日的强沙尘暴站数。

3. 对某一统计时段内沙尘天气总站日数的规定：
（1）统计时段内逐日沙尘天气站数的总和为该时段的沙尘天气总站日数；
（2）统计时段内逐日扬沙站数的总和为该时段的扬沙总站日数；
（3）统计时段内逐日沙尘暴站数的总和为该时段的沙尘暴总站日数；
（4）统计时段内逐日强沙尘暴站数的总和为该时段强沙尘暴总站日数。

三、沙尘天气过程编号标准

国家气象中心对每年移入或发生在我国范围内的扬沙、沙尘暴、强沙尘暴天气过程按照其出现的先后次序进行编号，编号用 6 位数码，前四位数码表示年份，后两位数码表示出现的先后次序。例如：2021 年出现的第 5 次沙尘天气过程应编为“202105”。

四、沙尘天气过程纪要表内容

沙尘天气过程纪要表包括该年出现的所有扬沙、沙尘暴和强沙尘暴天气过程，其相关内容包括：沙尘天气过程编号、起止时间、过程类型、主要影响系统、扬沙和沙尘暴影响范围和风力。其中主要影响系统是指引起沙尘天气的地面天气尺度的天气系统，主要包括冷锋、气旋、低气压。冷锋是冷气团占主导地位推动暖气团移动的冷、暖空气过渡带，锋后常伴有大风。蒙古气旋产生于蒙古国或我国内蒙古，它由两到三种冷、暖气团交汇而成，通常从气旋中心往外有冷锋、暖锋或锢囚锋生成，气旋发展强烈时常出现大风。低气压是指中心气压低于四周并具有闭合等压线的天气系统。

五、年及各月沙尘天气日数分布图

年及各月沙尘天气日数分布图包括年及各月沙尘天气出现日数分布图、扬沙天气出现日数分布图、沙尘暴天气出现日数分布图和强沙尘暴天气出现日数分布图。

六、沙尘天气过程图表

沙尘天气过程图表包括沙尘天气过程描述表、沙尘天气范围图、500 hPa 环流形势图、地面天气形势图及气象卫星监测图像等。沙尘天气过程描述表中的最大风速是从该次沙尘天气过程中所有出现沙尘天气站点的定时观测中统计出来的最大风速。500 hPa 环流形势图、地面天气形势图的选用原则是能充分反映造成该次沙尘天气过程的环流形势及影响系统，图中 G（D）表示高（低）气压中心。

七、沙尘天气路径划分标准

沙尘天气路径分为偏北路径型、偏西路径型、西北路径型、南疆盆地型和局地型五类。

1. 偏北路径型：沙尘天气起源于蒙古国或我国东北地区西部，受偏北气流引导，沙尘主体自北向南移动，主要影响我国西北地区东部、华北大部和东北地区南部，有时还会影响到黄淮等地。
2. 偏西路径型：沙尘天气起源于蒙古国、我国内蒙古西部或新疆南部，受偏西气流引导，沙尘主体向偏东方向移动，主要影响我国西北、华北，有时还影响到东北地区西部和南部。
3. 西北路径型：沙尘天气一般起源于蒙古国或我国内蒙古西部，受西北气流引导，沙尘主体自西北向东南方向移动，或先向东南方向移动，而后随气旋收缩北上转向东北方向移动，主要影响我国西北和华北，甚至还会影响到黄淮、江淮等地。
4. 南疆盆地型：沙尘天气起源于新疆南部，并主要影响该地区。
5. 局地型：局部地区有沙尘天气出现，但沙尘主体没有明显的移动。

目　录

1　2021年沙尘天气概况

1.1　沙尘天气过程

2021 年全国共出现了 13 次沙尘天气过程，较 2020 年增加了 3 次，较气候平均（17.2 次）显著偏少。其中，扬沙天气过程 8 次、沙尘暴天气过程 3 次，强沙尘暴天气过程 2 次，有 9 次沙尘天气过程发生在春季。13 次沙尘天气过程中偏西路径型 8 次，西北路径型 4 次，南疆盆地型 1 次。首次发生的沙尘天气过程为 2021 年 1 月 10—16 日的扬沙天气过程，末次是 11 月 5—6 日的沙尘暴天气过程。2021 年强度最强和影响范围最大的沙尘天气过程均为 3 月 13—18 日的强沙尘暴天气过程，新疆东部和南疆盆地、甘肃大部、青海东北部和西北部、内蒙古大部、宁夏、陕西中北部、山西、北京、天津、河北、黑龙江中西部、吉林中西部、辽宁中西部、山东、河南、江苏西北部、安徽中北部、湖北北部等地出现大范围扬沙或浮尘天气，其中，新疆南疆盆地、青海西北部、内蒙古中西部、甘肃西部和北部、宁夏北部、山西北部、河北北部、北京、天津等地出现了沙尘暴，新疆南疆盆地、内蒙古中西部、甘肃北部、宁夏北部、陕西北部、山西北部、河北北部、北京、天津等地部分地区还出现了强沙尘暴。

2000—2021 年，沙尘天气过程次数呈先减少后维持稳定趋势（图 1.1）。2000—2010 年平均每年出现沙尘天气过程 15.7 次；2011—2014 年，每年出现 7—10 次沙尘天气过程，平均每年出现 8.8 次；2015—2021 年，每年出现沙尘天气过程的次数增加至平均 12.7 次。2000—2020 年，沙尘暴天气过程次数呈显著减少的趋势。其中，2000—2010 年平均每年出现沙尘暴天气过程 6.5 次，2011—2020 年平均每年仅 1.9 次。但是，2021 年出现 3 次沙尘暴天气过程，较近 10 年平均偏多。2000—2020 年，每年出现 1～2 次强沙尘暴天气过程，仅 2001 年、2002 年和 2006 年出现 5 次。2021 年出现强沙尘暴天气过程 2 次，较 2011—2020 年平均（1.1 次）偏多 0.9 次。

1.2　沙尘天气日数

2021 年我国长江以北大部分地区都出现了沙尘天气，沙尘天气影响到湖南、广西等地的部分地区（图 1.2）。有两个沙尘天气出现日数超过 10 天的多发区，一个位于新疆东部、新疆南疆盆地、甘肃西部和青海西北部，沙尘天气出现日数一般达

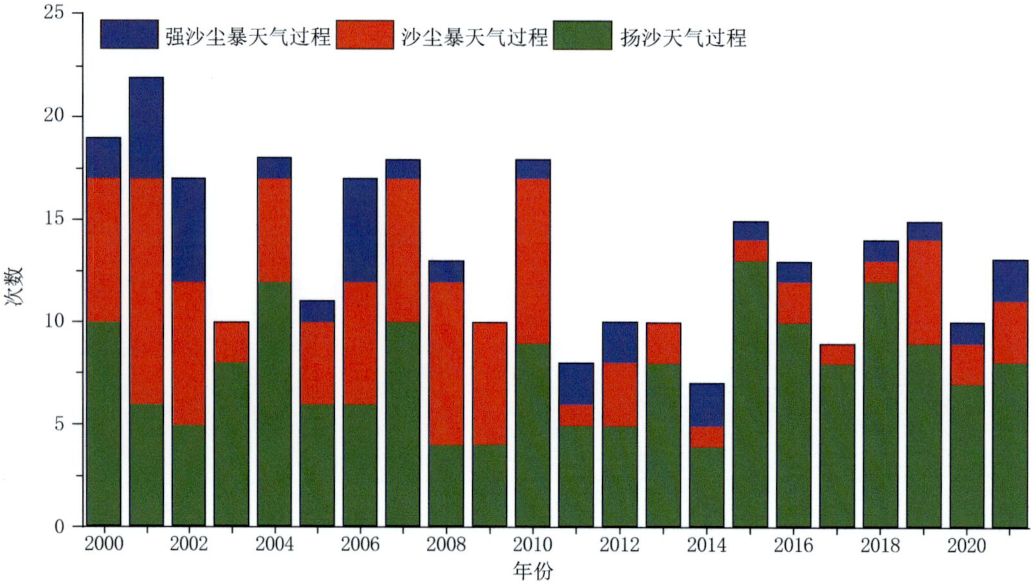

图1.1　2000—2021年沙尘天气过程次数

10～100天，其中，于田（101天）站出现日数超过100天；另一个多发区位于内蒙古中西部、甘肃北部和中部、青海东北部、宁夏、陕西北部、山西、北京、天津、河北中南部、河南、山东中西部、江苏西北部和安徽北部的部分地区，沙尘天气出现日数一般为10～24天，内蒙古西部、甘肃北部、宁夏北部的部分地区超过24天，内蒙古西部局地超过50天。扬沙天气主要出现在我国西北地区、内蒙古、东北地区中西部、华北地区、黄淮、江淮和西藏的部分地区（图1.3）。扬沙天气也存在两个多发区，位置与沙尘天气基本相同，出现日数为10～24天，其中，内蒙古西部局地可达25～57天。沙尘暴天气出现的区域较扬沙天气明显缩小，主要分布在新疆南疆盆地、青海西北部、甘肃北部、内蒙古中西部，出现日数一般为1～4天，新疆南疆盆地东部和内蒙古中西部的部分地区超过5天，其中，且末站最多，为8天（图1.4）。强沙尘暴天气主要出现在新疆南疆盆地、青海西北部、甘肃北部和内蒙古中西部，出现日数一般为1～3天（图1.5）。

在我国基准气象站和基准气候站中，2021年共有341个站点出现了沙尘天气，较2020年（278站）偏多63站，较近5年平均（270.2站）偏多70.8站。2021年，我国北方大部分地区沙尘天气日数较近5年平均偏多，仅新疆、西藏、青海西部、东北地区等地的部分地区略偏少。其中，西北地区东部、华北、黄淮北部等地的部分地

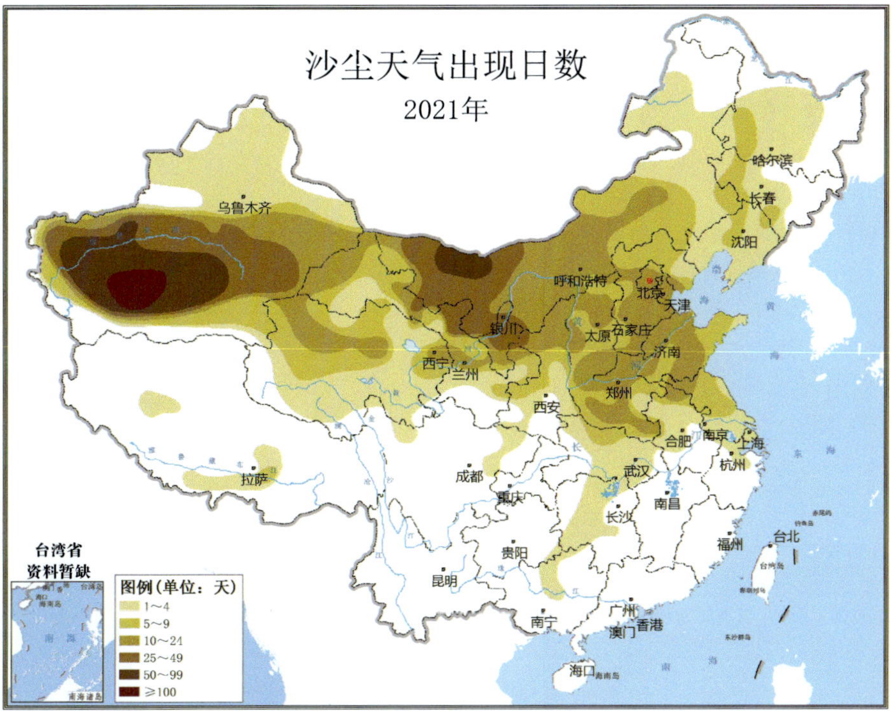

图1.2　2021年沙尘天气日数分布

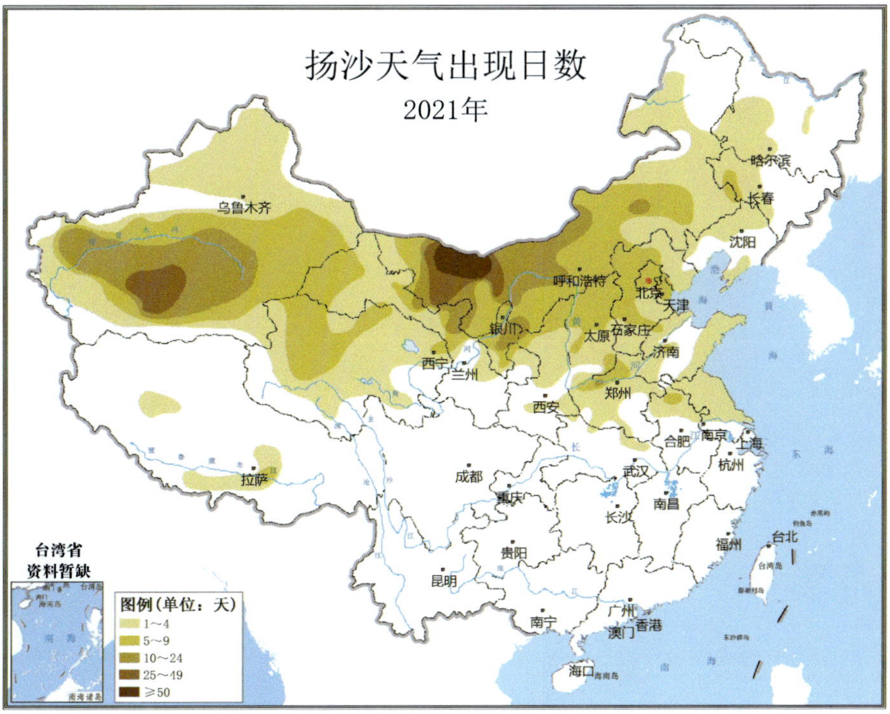

图1.3　2021年扬沙天气日数分布

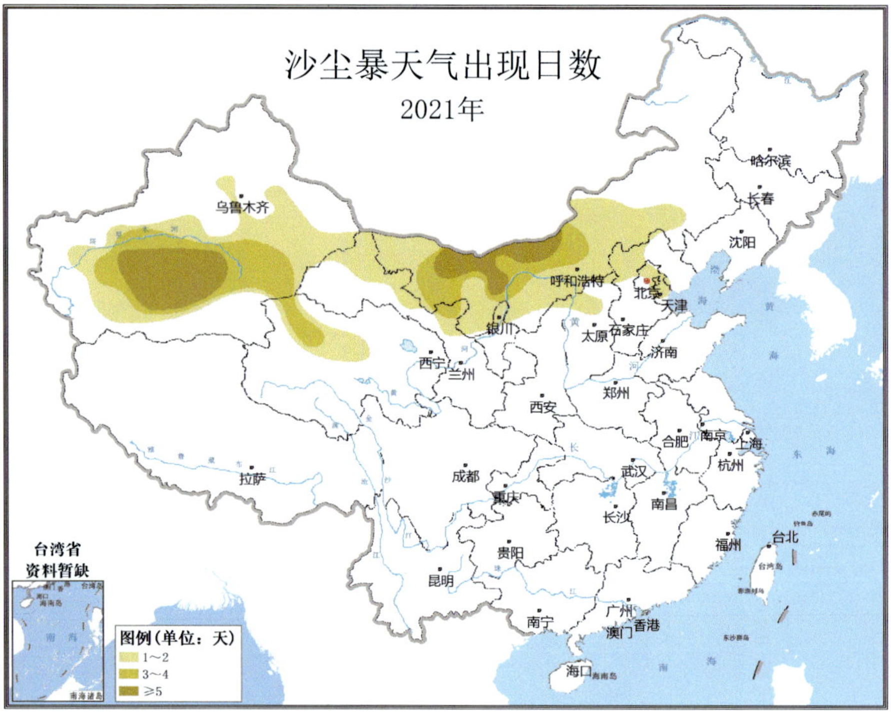

图1.4　2021年沙尘暴天气日数分布

图1.5　2021年强沙尘暴天气日数分布

区沙尘天气日数较近 5 年平均偏多超过 10 天，新疆南疆盆地东部沙尘天气日数较近 5 年平均偏少超过 20 天。2021 年，内蒙古中西部沙尘暴天气日数较近 5 年平均偏多 1 ～ 5 天，西北地区和内蒙古东部等地沙尘暴天气日数较近 5 年平均偏少 1 ～ 2 天，新疆南疆盆地东部较近 5 年平均偏少 2 ～ 5 天（图 1.6）。

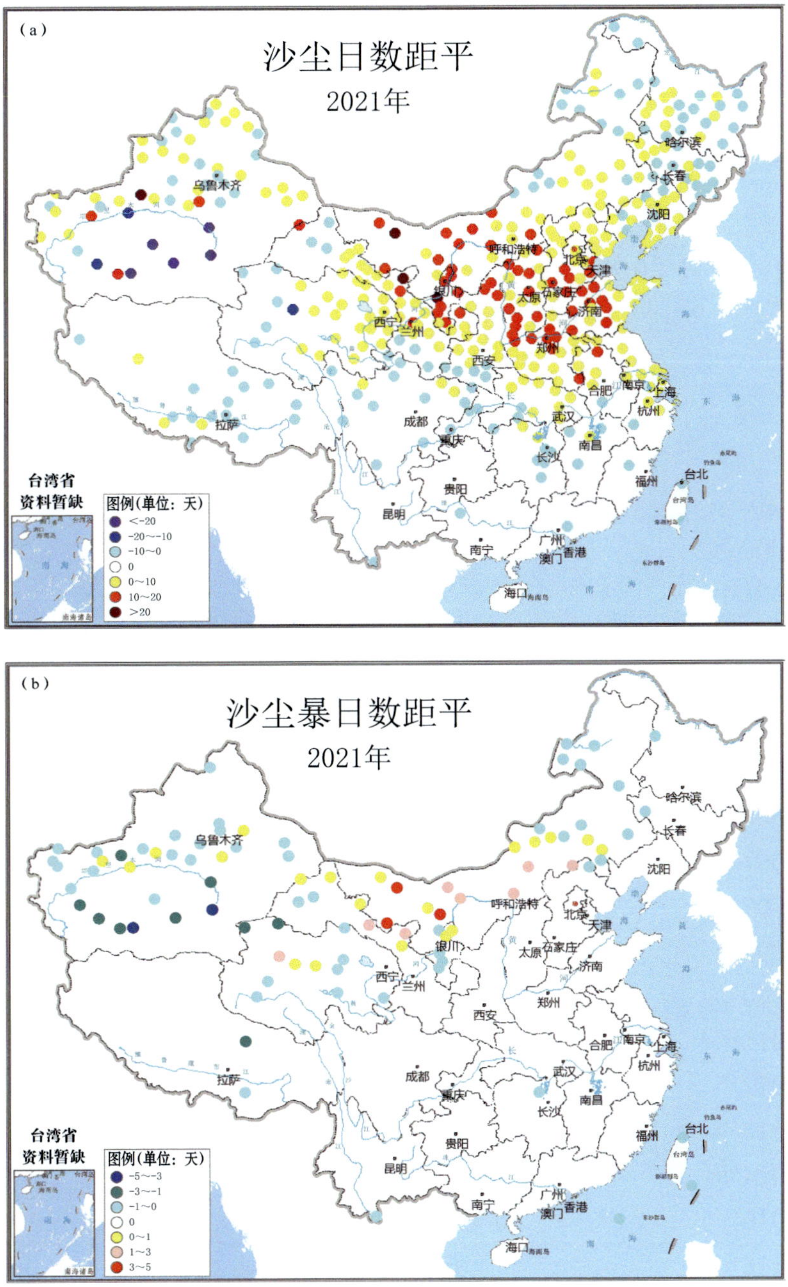

图1.6　2021年沙尘（a）与沙尘暴（b）日数距平分布

1.3 2021年春季（3—5月）沙尘天气主要特点

2021 年春季，我国北方沙尘天气的主要特点有：一是沙尘日数较 2000 年以来同期偏多，为 2007 年以来最多；二是尽管沙尘天气过程数偏少，但强沙尘天气过程数偏多，影响偏重，尤其是春季前期影响严重；三是沙尘天气过程首发时间偏早。总体而言，2021 年春季沙尘天气灾害影响偏重，前春影响尤其明显。

（1）春季沙尘天气过程次数偏少，但强沙尘天气过程偏多；前中期偏少，后期偏多，总次数偏少，但强沙尘暴以上次数多。

2021 年春季，我国共出现 9 次沙尘天气过程，较常年平均（17.2 次）明显偏少，但强沙尘天气过程较多，其中，2 次沙尘暴和 2 次强沙尘暴过程（表 1.1），强沙尘暴天气过程次数较 2000 年以来同期平均（1.4 次）略偏多，较 2020 年同期偏多 1 次。

表 1.1 2000—2021 年春季沙尘天气过程统计（单位：次）

年份	扬沙天气过程	沙尘暴天气过程	强沙尘暴天气过程	总沙尘天气过程
2000年	7	7	2	16
2001年	5	10	3	18
2002年	1	7	4	12
2003年	5	2	0	7
2004年	9	5	1	15
2005年	5	2	1	8
2006年	6	6	5	17
2007年	5	8	1	14
2008年	1	7	1	9
2009年	2	5	0	7
2010年	8	6	1	15
2011年	5	1	2	8
2012年	4	2	2	8
2013年	5	1	0	6
2014年	4	1	2	7
2015年	10	1	1	12
2016年	6	2	1	9
2017年	5	1	0	6

续表

年份	扬沙天气过程	沙尘暴天气过程	强沙尘暴天气过程	总沙尘天气过程
2018年	8	1	1	10
2019年	7	3	1	11
2020年	5	1	1	7
2021年	5	2	2	9
2010—2020年平均	6.1	1.8	1.1	9.0
2000—2020年平均	5.4	3.8	1.4	10.6
常年平均（1981—2010年）	/	/	/	17.2

2021 年春季，沙尘天气阶段性活动明显，沙尘过程次数前中期偏少，后期偏多。沙尘天气过程 3 月出现了 3 次（表 1.2），较 2000 年以来同期平均（3.6 次）偏少 0.6 次；4 月出现 2 次，较近 2000 年以来同期平均（4.2 次）偏少 2.2 次；5 月出现 4 次，较 2000 年以来同期平均（2.8 次）多 1.2 次。

从不同强度沙尘天气过程序列来看，2021 年春季前期强沙尘天气过程偏多，后期强沙尘过程偏少：3 月出现了 2 次强沙尘暴天气过程，较 2000 年以来同期平均（0.53 次）偏多，为 2007 年以来最多；4 月 1 次沙尘暴天气过程，5 月 1 次沙尘暴过程，均较常年同期偏少。

表 1.2　2000—2021 年春季及各月沙尘天气过程次数统计（单位：次）

时间	3 月	4 月	5 月	总计
2000年	3	8	5	16
2001年	7	8	3	18
2002年	6	6	0	12
2003年	0	4	3	7
2004年	7	4	4	15
2005年	1	5	2	8
2006年	5	7	5	17
2007年	4	4	6	14
2008年	3	2	4	9
2009年	3	3	1	7
2010年	8	5	2	15

续表

时间	3月	4月	5月	总计
2011年	3	4	1	8
2012年	2	4	2	8
2013年	3	2	1	6
2014年	2	3	2	7
2015年	5	3	4	12
2016年	3	4	2	9
2017年	2	2	2	6
2018年	3	5	2	10
2019年	1	5	5	11
2020年	4	1	2	7
2021年	3	2	4	9
2000—2020年平均	3.6	4.2	2.8	10.6

注：本表中沙尘天气过程所在月为该次过程第1天所在月。

（2）春季总体沙尘日数偏少，强度偏弱，但春季前期偏强

2021年春季，我国北方区域平均沙尘（浮尘及以上强度）日数（图1.7）为7.1天，较常年同期（8.2天）偏少1.1天，较2020年同期（5.3天）和2000年以来同期平均（5.7天）偏多，为2007年以来最多年。区域平均沙尘暴及以上强度沙尘日数（图1.8）为0.55天，比常年同期（1.19天）偏少0.64天，较2000年以来同期平均（0.66天）和2020年同期（0.29天）分别偏少0.11天和偏多0.26天，为2012年以来最多年。

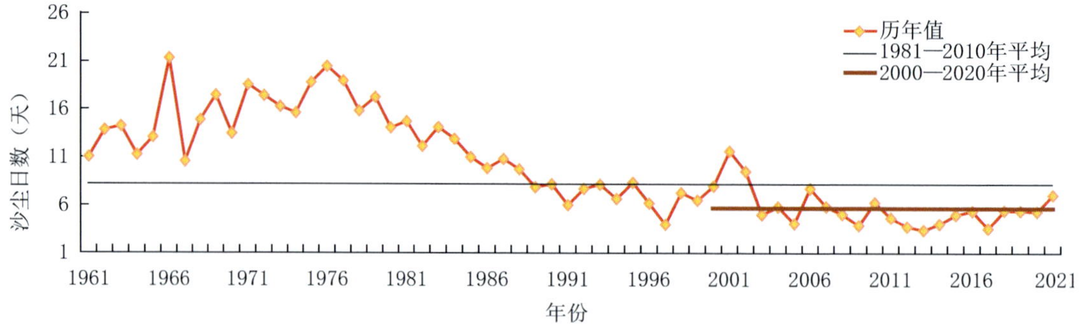

图1.7　1961—2021年春季中国北方沙尘（浮尘及以上强度）日数历年变化

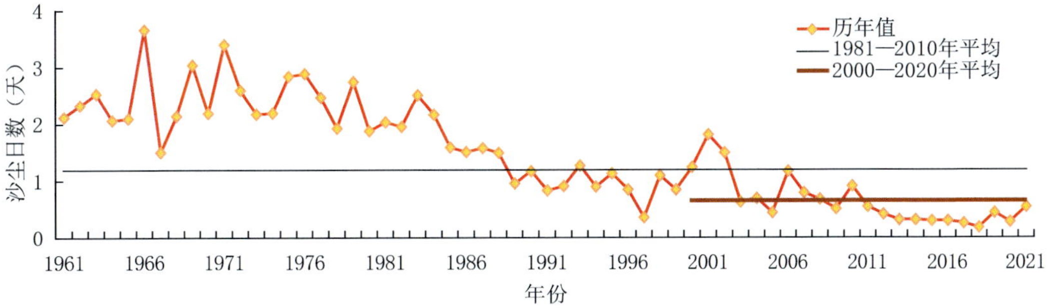

图1.8　1961—2021年春季中国北方沙尘暴及以上强度日数历年变化

（3）华北大部、东北地区西部和西北地区东部沙尘天气增多

2021 年春季，中国北方大部分地区出现了沙尘天气，华北地区大部、东北地区西南部局部、西北地区中部和北部大部、新疆大部等地区沙尘日数超过了 10 天，其中，内蒙古中西部、新疆除北疆外的大部区域超过 20 天，南疆盆地和内蒙古西部局部等地超过 40 天（图 1.9a）。与常年同期相比，华北大部、东北地区北部和西部局部、南疆盆地和北疆、内蒙古西部和东部等地区沙尘日数较常年同期偏多，其中，内蒙古西部局部和南疆盆地偏多 5～15 天，局部偏多 15 天以上；西北地区大部及我国北方其余大部较常年同期偏少（图 1.9b）。

春季各月的特征显示，南疆盆地沙尘日数各月都较多，基本都在 15 天以上，其他区域不同月份具有较大的变化，总体来看 3 月的影响范围大、日数也偏多。3 月，北方沙尘天气扩展到了长江中下游地区，华北大部、黄淮北部、内蒙古大部、西北大

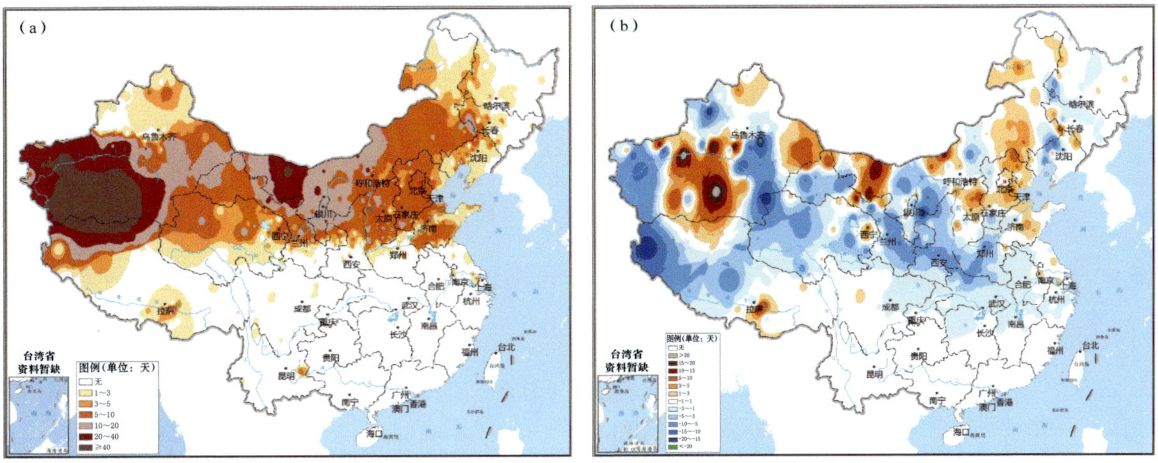

图1.9　2021年春季浮尘及以上沙尘日数（a）及距平（b）分布

部沙尘日数均在 5 天以上；4 月沙尘天气影响范围有所北缩，较 3 月明显减少，华北地区大部为 2 ～ 5 天，西北地区南部和西部在 0 ～ 2 天；5 月华北地区北部沙尘日数较 4 月有所增加，达到 5 ～ 10 天（图 1.10）。

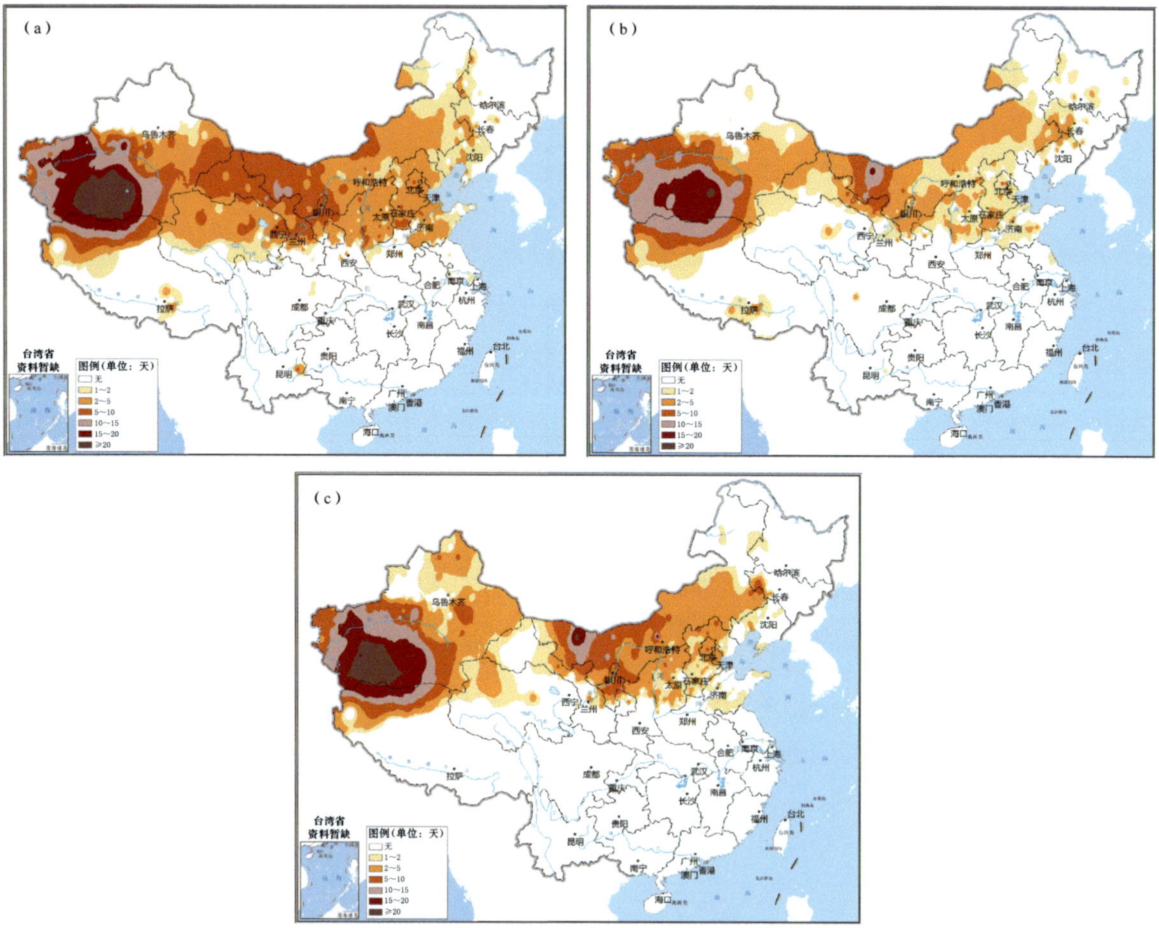

图1.10　2021年3月（a）、4月（b）和5月（c）浮尘及以上沙尘日数分布

从沙尘日数距平分布来看，2021 年 3 月我国黄淮以北、以西的大部分北方区域沙尘日数较常年同期偏多，4 月北方大范围沙尘日数均较常年同期总体偏少，5 月华北中部和北部、新疆北部和南疆盆地较常年同期偏多，其余大部地区较常年同期偏少（图 1.11）。

从浮尘及以上沙尘天气出现站数来看（图 1.12），2021 年 3 月最多（871 站），多于常年值（759 站），为 2011 年以来最多；4 月受浮尘及以上沙尘天气影响的站数为 702 站，低于常年值（896 站），但较 2020 年明显增加；5 月受浮尘及以上沙尘天

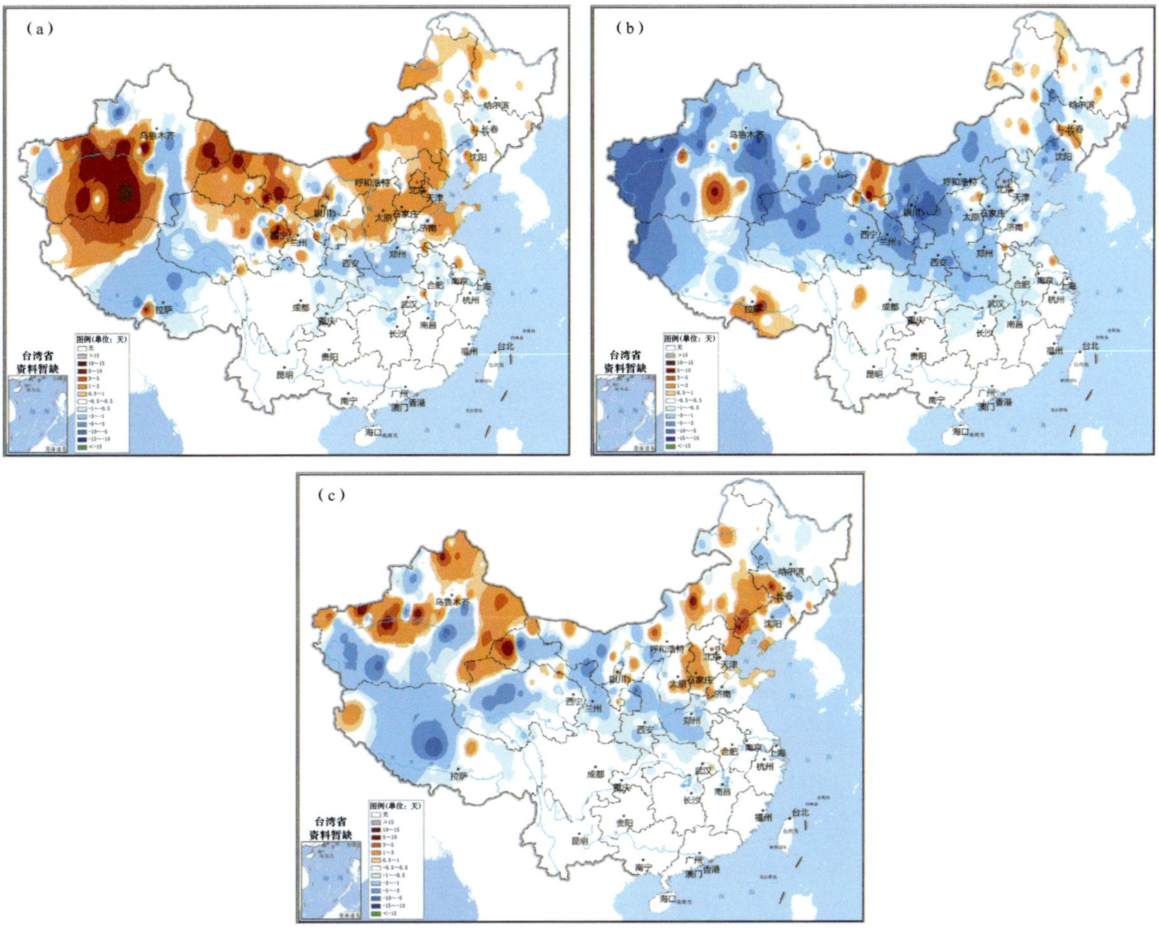

图1.11　2021年3月（a）、4月（b）和5月（c）浮尘及以上沙尘日数距平分布

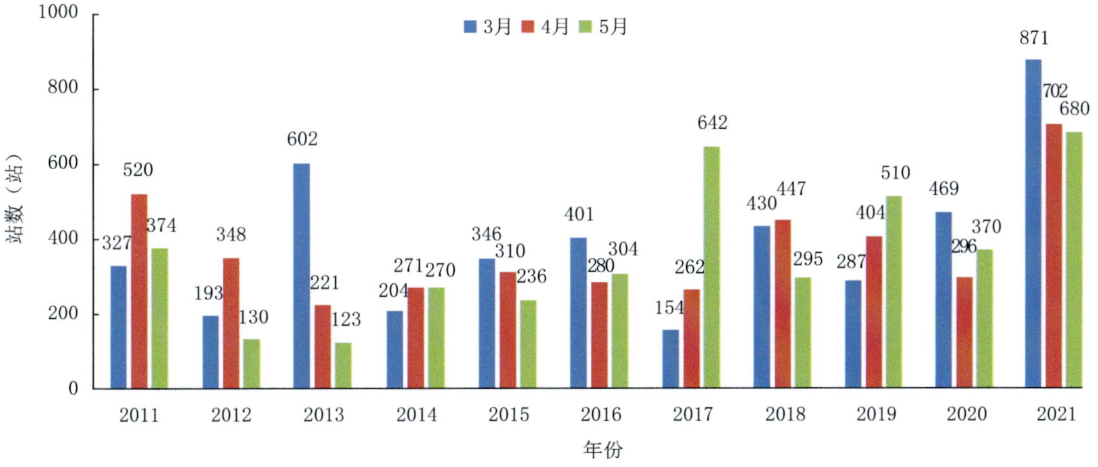

图1.12　2011—2021年春季各月沙尘天气（浮尘及以上）出现站数历年变化

气影响的站数为608站，多于常年值（604站）；2021年春季各月浮尘及以上沙尘天气影响的站数均为2011年以来同期第1多年。

从沙尘暴及以上沙尘天气出现站数来看（图1.13），3月达137站，超过了常年值（110站），为2011年以来最多；4月和5月较3月明显减少，分别为36站和50站，明显低于常年值，分别相比前10年同期偏低3站和偏高10站。

总体而言，2021年春季各月中，3月沙尘天气影响范围最广、强度最强。

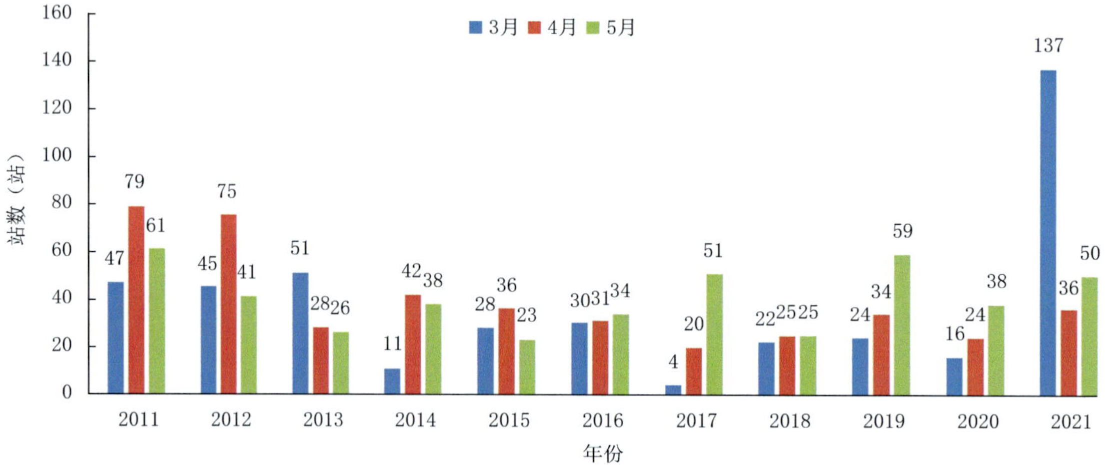

图1.13　2011—2021年以来春季各月沙尘天气（沙尘暴及以上）出现站数历年变化

（4）沙尘首发时间明显偏早

2021年我国首次沙尘天气过程出现在1月10日，比2000年以来平均首发时间（2月15日）偏早36天，较2020年（2月13日）偏早34天，为2002年以来发生最早年（图1.14）。

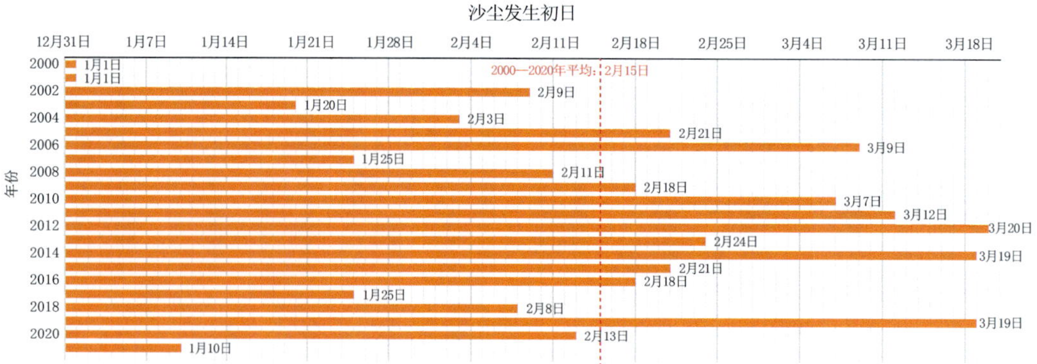

图1.14　2000—2021年沙尘天气首次发生日期

1.4 2021年春季严重沙尘天气过程影响

3月13—18日强沙尘暴天气过程，有104站出现了沙尘暴，25站出现了强沙尘暴天气（图1.15），为2021年度最强的沙尘天气过程，并且为近10年来最强的沙尘天气过程。这次沙尘天气过程对春季前期总体沙尘日数偏多、强度偏强起着重要的作用。3月14日，受强烈蒙古气旋及其后部冷空气影响，蒙古国出现了大范围强沙尘暴天气。之后，随着蒙古气旋东移南下，我国14日夜间至18日也出现了大范围沙尘天气过程。3月14日夜间至16日上午，西北地区、华北大部、东北地区中西部、黄淮、江淮北部等地出现大范围扬沙或浮尘，新疆南疆、内蒙古、甘肃西部、宁夏中北部、陕西北部、山西北部、河北北部、北京等地部分地区出现沙尘暴或强沙尘暴天气。此次强沙尘暴天气过程持续时间长、影响范围广，涉及19个省（区、市），影响面积为456.2万平方千米，北方多地PM_{10}峰值浓度超过5000微克/立方米，过程中共计129站发生沙尘暴及以上天气过程。本次过程从影响范围和强度上来看均为近10年最强。西北、华北、东北地区及内蒙古等地出现6～8级阵风，部分地区9～10级，内蒙古中东部、新疆北部局地达11～12级。此次大范围沙尘天气过程不仅造成蒙古国出现人员伤亡和失踪，也对我国交通运输、群众生活生产等造成较大影响，引起各界关注。我国多地空气质量达到严重污染，部分地区出现航班取消或延误、高速公路临时管制、列车晚点等情况，内蒙古、甘肃、新疆等地部分地区农作物受灾和农业设施受损，内蒙古包头因沙尘天气紧急停课。

3月27日至4月1日的强沙尘暴过程也是由蒙古气旋和冷空气共同作用造成，蒙古气旋后部冷高压系统相对较弱，导致近地面风力不及3月13—18日沙尘天气过程，蒙古国上游的起沙量和向南传输动力条件不及3月13—18日过程强。内蒙古、华北及辽宁、山东等地PM_{10}最大浓度超过2000微克/立方米；北京PM_{10}最大浓度超过3000微克/立方米，最低能见度1～2千米。内蒙古、华北东部等地出现6～8级阵风，部分地区9～10级，内蒙古中部局地达11级。相较于3月13—18日强沙尘暴天气过程，此次强度稍弱，沙尘暴影响位置偏东，强沙尘暴范围相对更小，扬沙或浮尘向南传输范围也略小，沙尘天气影响的持续时间相对较短。西北地区、华北大部、东北地区西部、黄淮、江淮东部等地再次出现扬沙或浮尘天气，内蒙古中部出现沙尘暴或强沙尘暴天气，沙尘天气影响面积超过270万平方千米，沙尘暴影响面积为26万平方千米。

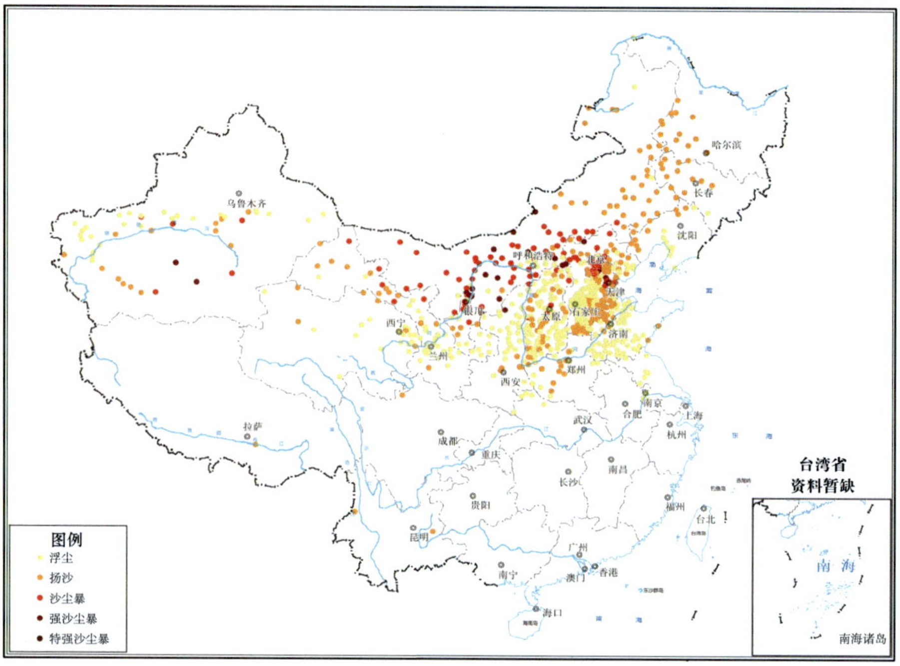

图1.15　2021年3月13—18日强沙尘暴天气过程监测分布

2 2021年春季北方沙尘天气偏强成因分析

2021年春季，我国北方沙尘天气总体略偏少，但华北、黄淮大部、东北地区北部和西部局部、内蒙古中东部等我国北方东部区域沙尘天气偏多，另外，新疆中部和北疆、内蒙古中部和西部也偏多。尤其是春季前期阶段性明显偏强、偏多。

造成2021年春季我国北方沙尘天气次数总体偏少的原因是：一是2020年夏季我国西北地区中东部、华北、内蒙古中部等主要沙源区降水偏多，植被长势好，地表状况有利于抑制2021年春季沙尘天气的发生；二是春季欧亚地区以盛行纬向型环流为主，沙尘天气发生的传输动力偏弱。但2020年夏季我国新疆、西北地区西部、内蒙古西部和蒙古国降水偏少，植被长势较差，且春季前期蒙古气旋及冷锋活动等北方天气系统阶段性显著增强，将蒙古国的沙尘带入我国北方东部区域，导致春季前期沙尘天气日数偏多、偏强。

2.1 2020年夏季北方东部植被生长状况总体较好，西部较差

2020年夏季，新疆北部中部、南疆大部、西北地区西部及内蒙古西部等地降水较常年偏少，北方地区其他主要沙源区降水量总体偏多，特别是内蒙古中部和东部大部较常年同期偏多，其中，内蒙古中部地区、河套地区北部和西部偏多2成以上，局部5成以上（图2.1a）。同期，中国以北的部分地区降水也较常年同期略偏多（图2.1b）。

2020年夏季，归一化最大植被指数距平监测显示，我国北方大部区域植被生长状况较2000—2019年均偏好，尤其是我国北方东部区域（图2.2），总体而言我国境内区域东部的主要沙源区下垫面状况对于2021年沙尘多发期起沙具有很好的抑制作用，但我国西部和蒙古国下垫面状况抑沙条件较差。

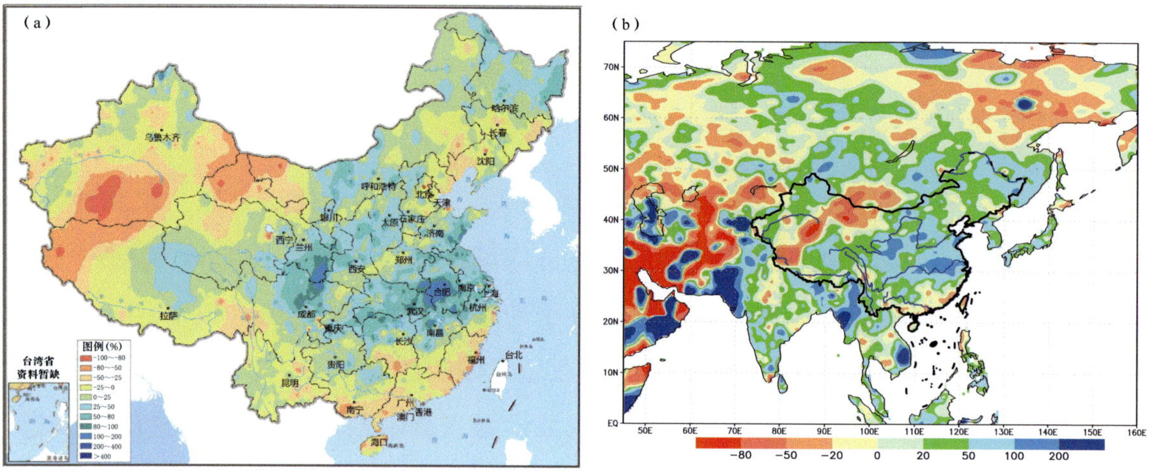

图2.1　2020年夏季中国地区（a）和欧亚（b）降水距平百分率分布

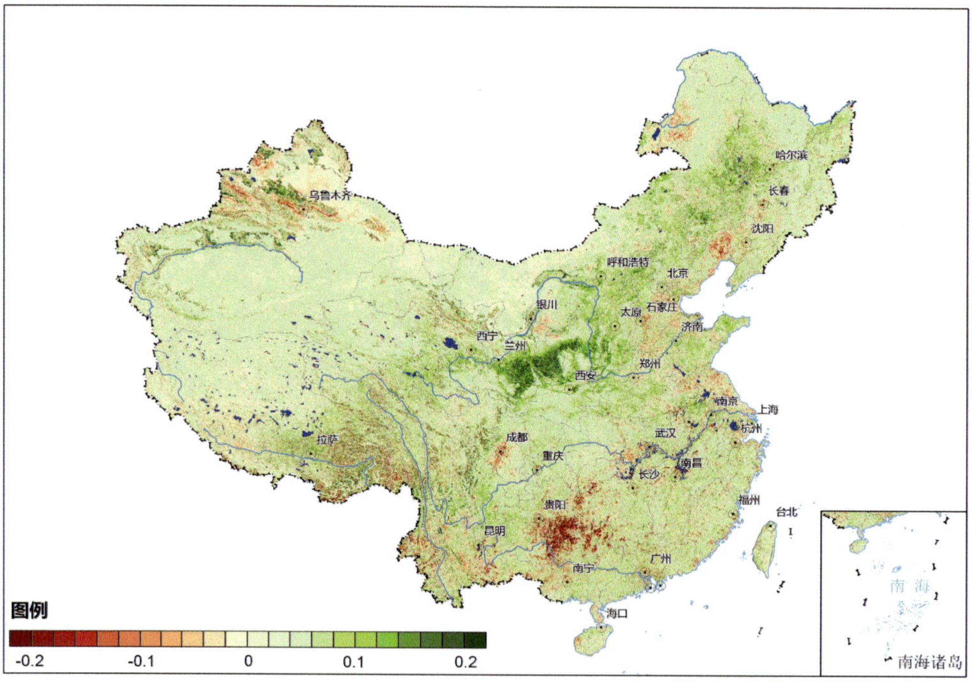

图2.2　2020年夏季植被指数距平监测分布（平均值为2000—2019年）

2.2 2021年春季沙尘动力输送条件偏弱，但突发性强天气系统对春季前期沙尘分布格局起到了重要的作用

2021 年春季平均 500 hPa 位势高度场分布显示（图 2.3a），欧亚地区高度场为平直的纬向环流特征；距平场上，欧亚中高纬度地区至鄂霍次克海地区位势高度距平场显示出“-+-+”的分布特征，乌拉尔山以西及贝加尔湖上空为负高度距平控制，乌拉尔山与贝加尔湖之间及鄂霍次克海为正高度距平控制；从南北向来看，热带西北太平洋与东北亚的位势高度距平呈“-+-”的分布特征，东亚和西亚大部为正高度距平控制，尤其东亚东部至日本海以东为显著正高度距平控制。在这种环流的影响下，冷空气活动偏弱，春季我国平均气温较常年同期偏高了 1.15 ℃（图 2.4a），我国大部地区气温均较常年同期偏高（图 2.5a），其中，北方大部偏高 1 ～ 2 ℃。沙尘传输的动力总体偏弱，这是导致 2021 年春季我国沙尘总体偏少的另一个重要因素。

从前文分析来看，2021 年春季沙尘天气春季前期偏强，中后期偏弱。从 2021 年 3 月的环流来看（图 2.3b），欧亚中高纬度地区位势高度场以平直纬向环流为主，距平场上显示出乌拉尔山地区位势高度距平场偏低，东亚大部地区位势高度距平场明显偏高，尤其是蒙古国中部以东的我国北方大部偏高明显，不利于冷空气频繁活动。在这种环流的影响下，冷空气活动偏弱，3 月我国平均气温较常年同期偏高了 2.47 ℃（图 2.4b），全国大范围气温较常年偏高明显（图 2.5b），尤其是华北北部至内蒙古中东部偏高了 4 ～ 6 ℃。从气候平均环流来看，动力输送条件并不利于我国北方尤其是我国北方东部地区沙尘天气过程偏多。

从天气尺度来看，3 月中旬欧亚中高纬度出现十分明显的发展和东移。逐日 850 hPa 位势高度场上显示，2021 年 3 月 13 日（图 2.6a），欧亚中高纬度出现了明显的调整，在贝加尔湖以西、以北的地区位势高度场明显降低，出现低槽；14 日（图 2.6b），贝加尔湖附近位势高度场降低十分明显，蒙古气旋快速发展并东移至贝加尔湖以东，横扫蒙古国；15 日（图 2.6c），气旋继续东移。蒙古气旋在发生发展并快速东移过程中，不仅横扫蒙古国，造成蒙古国的超强大风沙尘暴天气，其南端低槽区后部的西北和偏北气流将蒙古国沙尘向我国西北区域和华北区域输送，我国北方地区出现明显沙尘天气过程。

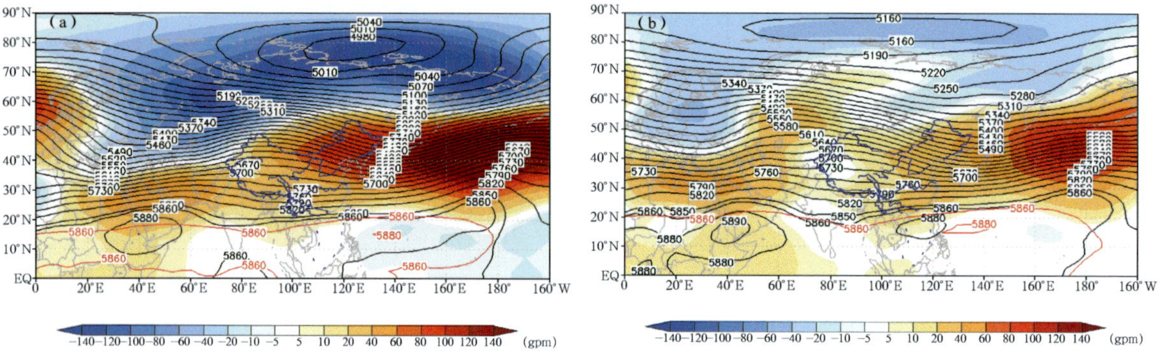

图2.3　2021年春季（a）和3月（b）平均500 hPa位势高度（等值线）及其距平场（阴影）分布

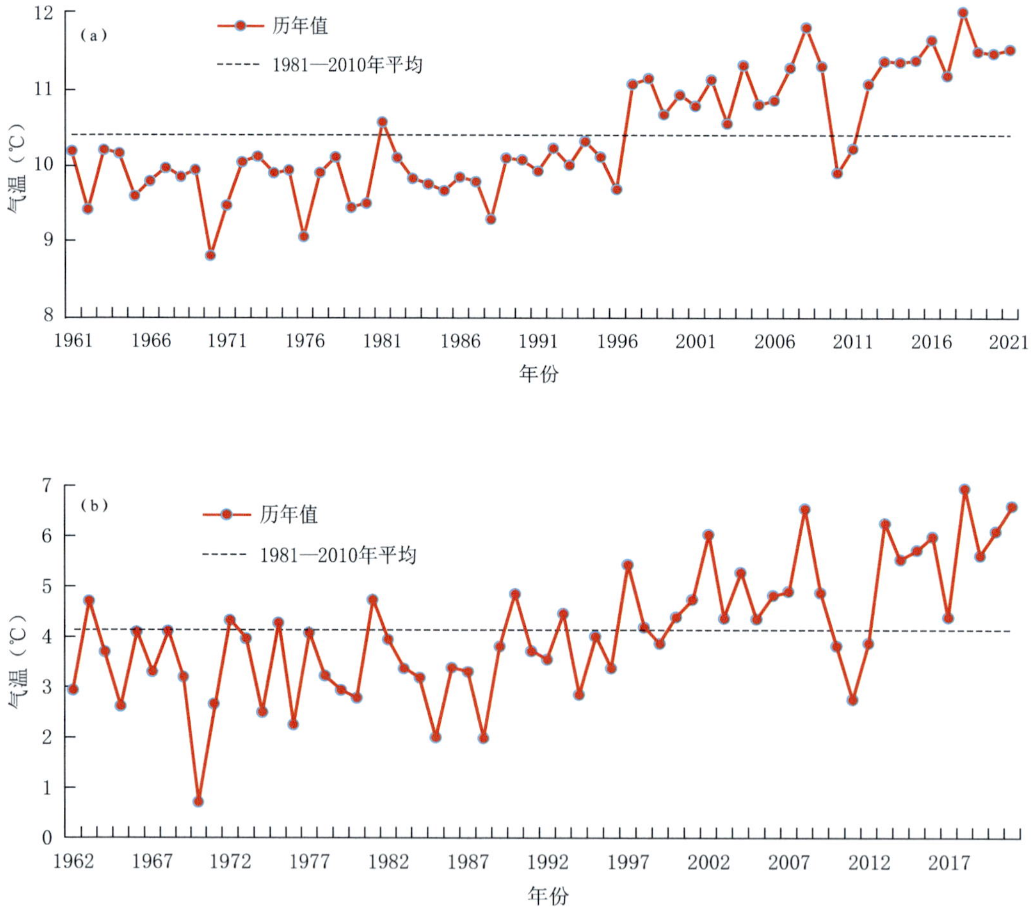

图2.4　春季（a）和3月（b）全国平均气温序列

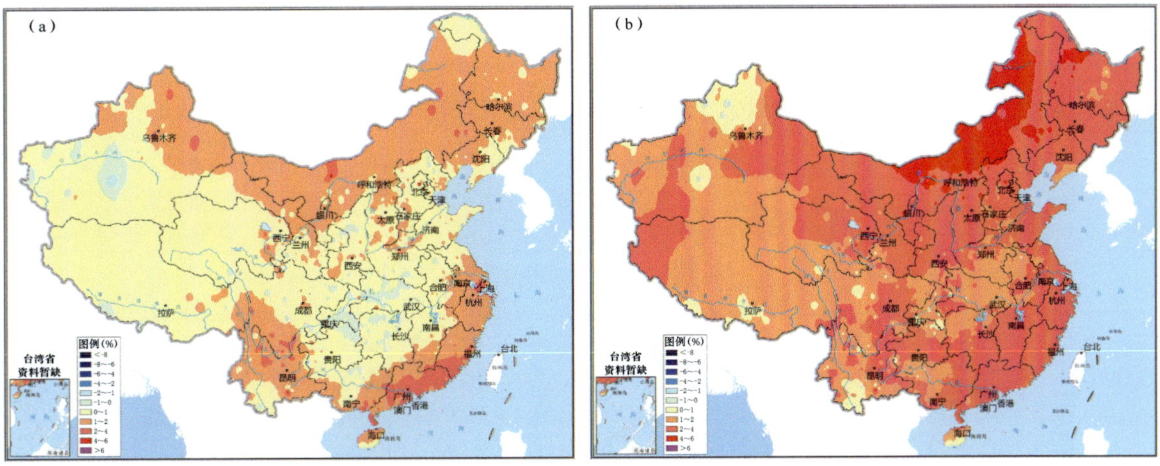

图2.5　2021年春季（a）和3月（b）平均气温距平分布（℃）

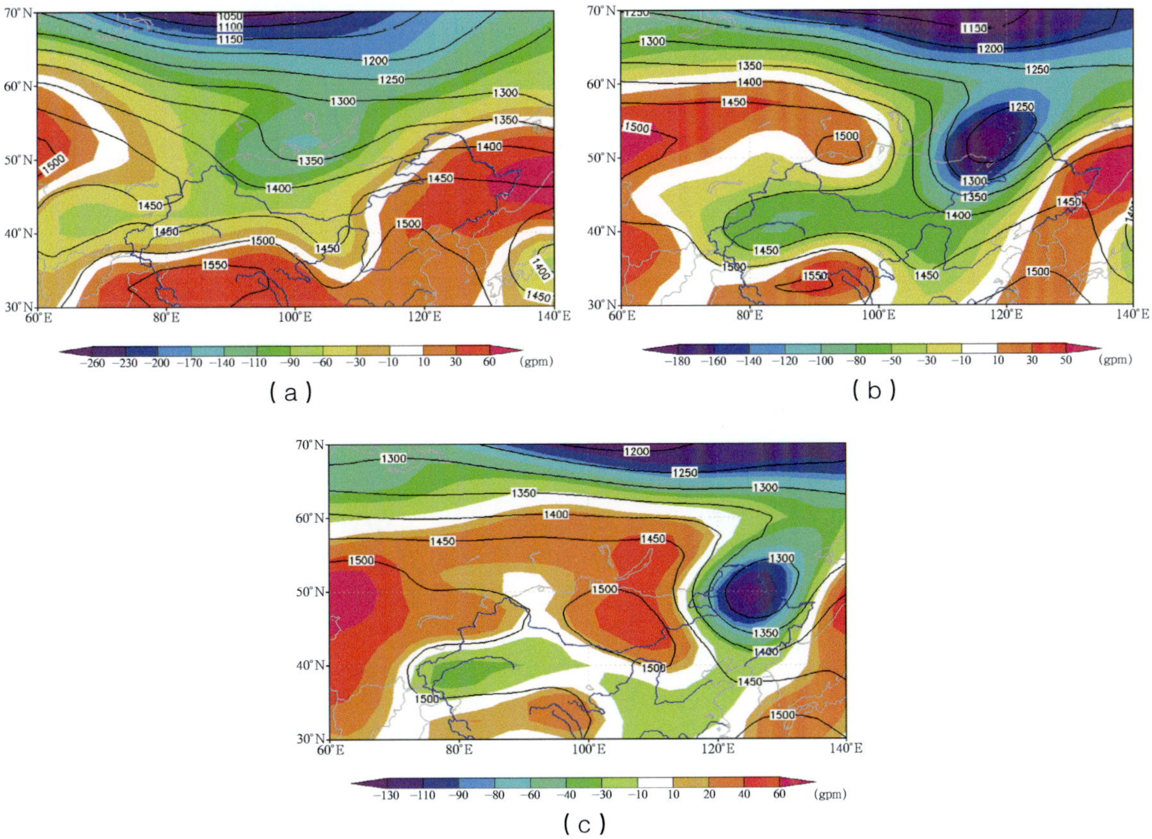

图2.6　2021年3月13—15日欧亚中高纬度地区850 hPa位势高度场及距平分布

3　2021年沙尘天气过程纪要表

编号	起止时间	过程类型	主要影响系统	扬沙和沙尘暴主要影响范围	沙尘天气路径
202101	1月10—16日	扬沙	地面冷锋	内蒙古中西部、甘肃中北部、青海北部、宁夏、陕西北部、山西、河北中南部、北京、天津、河南、山东、江苏西北部、安徽中北部、湖北中部、湖南北部等地出现扬沙或浮尘天气，内蒙古西部、甘肃中部的部分站点出现沙尘暴，其中额济纳旗出现强沙尘暴	西北路径型
202102	1月27—28日	扬沙	地面冷锋	内蒙古中西部、甘肃河西、宁夏、陕西中北部、山西西部、河南北部、山东西部、安徽北部等地出现扬沙或浮尘天气，内蒙古吉兰泰出现沙尘暴	西北路径型
202103	2月26—28日	扬沙	蒙古气旋、地面冷锋	新疆东部和南疆盆地，青海北部、甘肃北部、内蒙古西部和东部、宁夏、辽宁中西部、吉林西部、黑龙江西部等地的部分地区出现扬沙或浮尘天气，新疆南疆盆地东部、青海柴达木盆地的部分地区出现沙尘暴	偏西路径型
202104	3月13—18日	强沙尘暴	蒙古气旋、地面冷锋	新疆东部和南疆盆地、甘肃大部、青海东北部和西北部、内蒙古大部、宁夏、陕西中北部、山西、北京、天津、河北、黑龙江中西部、吉林中西部、辽宁中西部、山东、河南、江苏西北部、安徽中北部、湖北北部等地出现大范围扬沙或浮尘天气，其中，新疆南疆盆地、青海西北部、内蒙古中西部、甘肃西部和北部、宁夏北部、山西北部、河北北部、北京、天津等地出现了沙尘暴，新疆南疆盆地、内蒙古中西部、甘肃北部、宁夏北部、陕西北部、山西北部、河北北部、北京、天津等地部分地区还出现了强沙尘暴	偏西路径型
202105	3月19—21日	扬沙	地面冷锋	新疆南疆盆地、内蒙古中西部、甘肃、青海北部、宁夏、陕西中北部、山西、河北南部、河南、山东西部、安徽北部、湖北北部、湖南北部有扬沙或浮尘天气	偏西路径型

续表

编号	起止时间	过程类型	主要影响系统	扬沙和沙尘暴主要影响范围	沙尘天气路径
202106	3月27日至4月1日	强沙尘暴	蒙古气旋、地面冷锋	新疆东部和南疆盆地、青海北部、甘肃中东部、宁夏、内蒙古大部、黑龙江西南部、吉林中西部、辽宁中北部、陕西大部、山西、北京、天津、河北、河南、山东、湖北北部、安徽北部、江苏、上海、浙江北部等地出现扬沙或浮尘天气，内蒙古中部、河北西北部的部分地区出现沙尘暴，内蒙古中部出现强沙尘暴	偏西路径型
202107	4月14—16日	沙尘暴	蒙古气旋、地面冷锋	新疆东部和南疆盆地、甘肃北部、宁夏、内蒙古大部、黑龙江西南部、吉林西部、辽宁西北、陕西北部、山西、北京、天津、河北、河南、山东、安徽北部、江苏北部等地出现扬沙或浮尘天气，内蒙古中西部局地出现沙尘暴	偏西路径型
202108	4月25—27日	扬沙	蒙古气旋、地面冷锋	新疆南疆盆地、青海东北部、内蒙古大部、甘肃中西部、陕西北部、宁夏、山西北部、河北北部、黑龙江西部、吉林西部等地出现扬沙或浮尘天气，内蒙古西部、甘肃中部的部分地区出现沙尘暴	偏西路径型
202109	5月1—3日	扬沙	地面冷锋	新疆、青海西北部、内蒙古西部、甘肃中部、宁夏、陕西北部出现扬沙或浮尘天气，新疆石河子、奇台、且末出现强沙尘暴	偏西路径型
202110	5月6—8日	沙尘暴	蒙古气旋、地面冷锋	新疆南疆盆地西部、内蒙古中西部和东南部、宁夏、陕西中北部、山西、河北、北京、天津、山东、河南中北部、安徽北部、江苏、辽宁等地有扬沙或浮尘天气，其中内蒙古中部和山西北部的部分地区有沙尘暴	西北路径型
202111	5月11—12日	扬沙	地面冷锋	新疆南疆盆地、内蒙古西部、甘肃北部的部分地区出现扬沙或浮尘天气，新疆南疆盆地的部分地区出现沙尘暴，塔中出现强沙尘暴	南疆盆地型
202112	5月22—24日	扬沙	地面冷锋	内蒙古大部、宁夏、陕西北部、山西北部、河北、北京、天津、山东中北部有扬沙或浮尘天气，内蒙古中部出现沙尘暴	西北路径型
202113	11月5—6日	沙尘暴	地面冷锋	新疆东部和南疆盆地、甘肃中西部、内蒙古西部、宁夏、陕西西北部等地出现扬沙或浮尘，新疆南疆盆地部分地区出现沙尘暴，若羌、塔中、十三间房出现强沙尘暴	偏西路径型

4　2021年逐月沙尘天气日数分布图

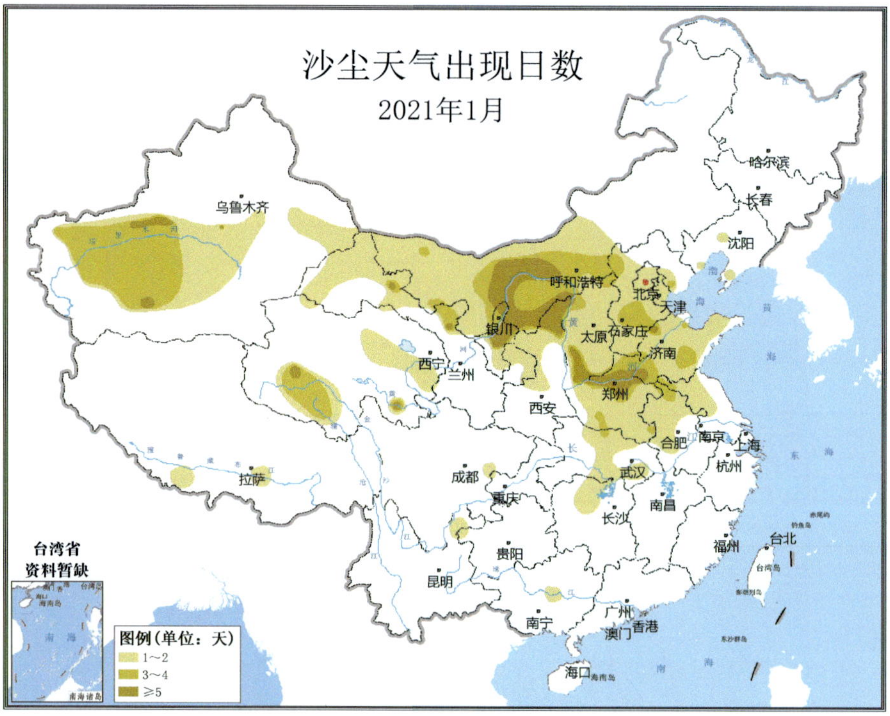

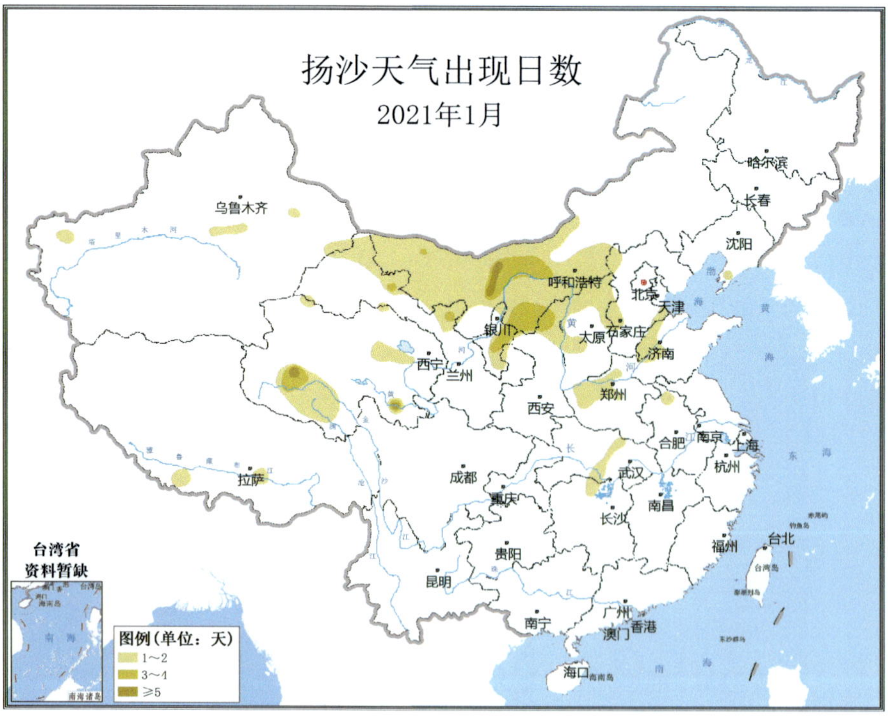

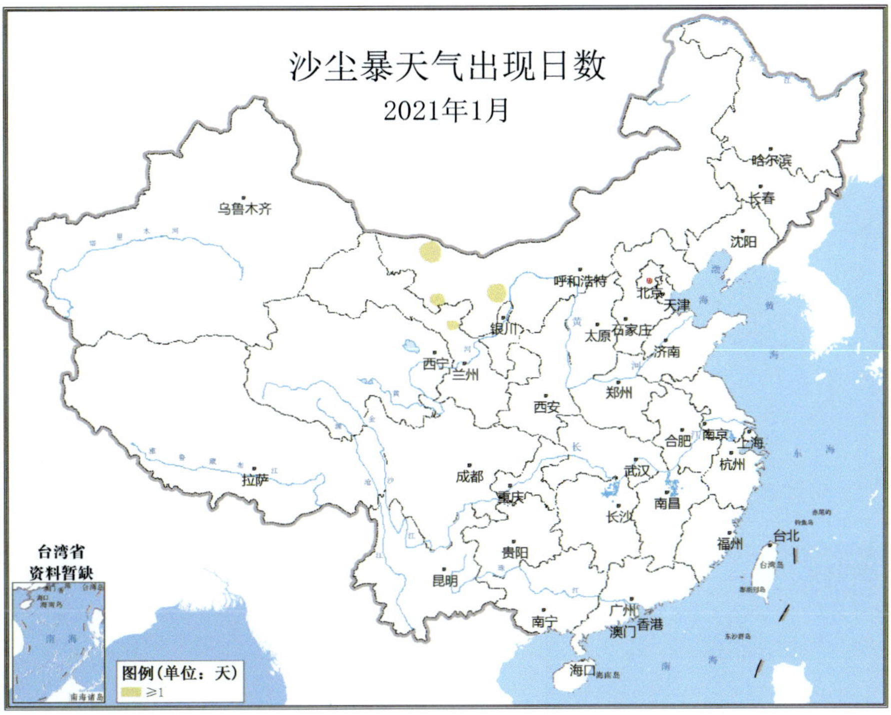
沙尘暴天气出现日数
2021年1月
乌鲁木齐
哈尔滨
长春
沈阳
呼和浩特
北京
天津
银川
太原
石家庄
济南
西宁
兰州
郑州
西安
合肥
南京
上海
杭州
拉萨
成都
武汉
重庆
长沙
南昌
福州
台北
贵阳
昆明
南宁
广州
香港
澳门
海口
台湾省
资料暂缺
图例(单位：天)
≥1

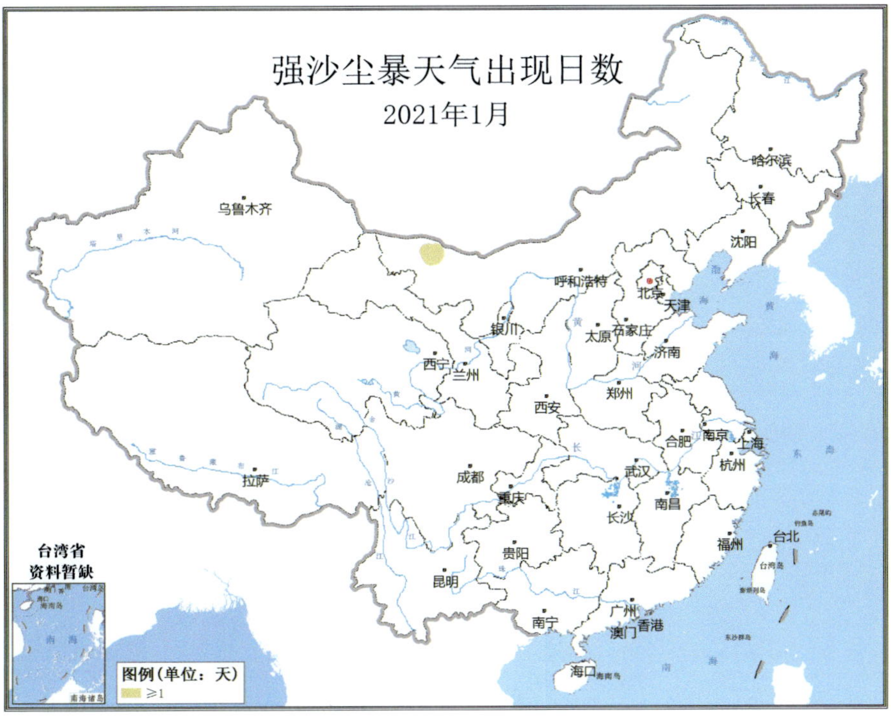
强沙尘暴天气出现日数
2021年1月
乌鲁木齐
哈尔滨
长春
沈阳
呼和浩特
北京
天津
银川
太原
石家庄
济南
西宁
兰州
郑州
西安
合肥
南京
上海
杭州
拉萨
成都
武汉
重庆
长沙
南昌
福州
台北
贵阳
昆明
南宁
广州
香港
澳门
海口
台湾省
资料暂缺
图例(单位：天)
≥1

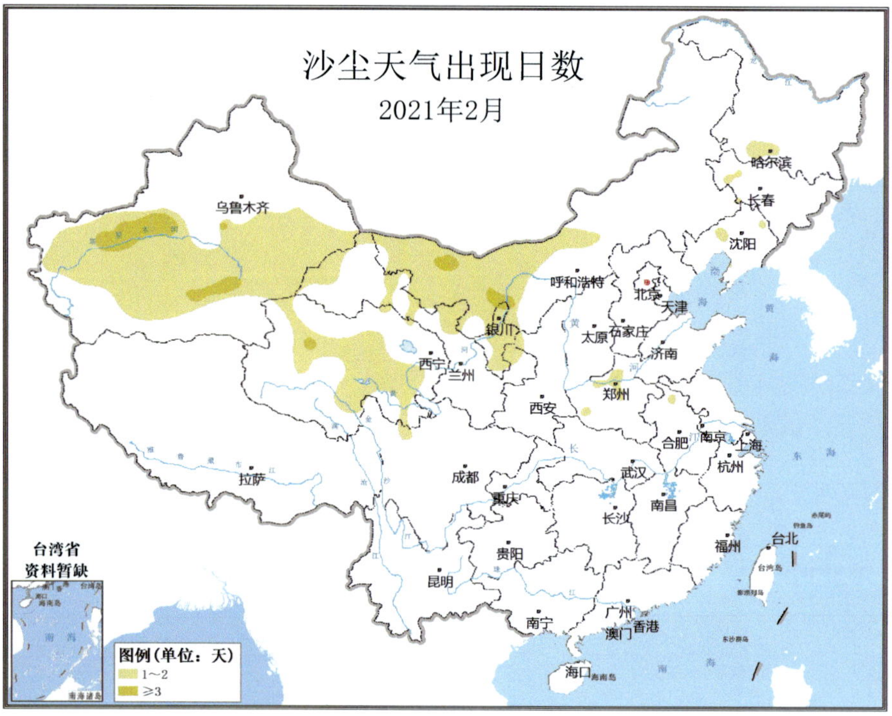
沙尘天气出现日数
2021年2月
乌鲁木齐
哈尔滨
长春
沈阳
呼和浩特
北京
天津
银川
太原
石家庄
济南
西宁
兰州
郑州
西安
合肥
南京
上海
杭州
拉萨
成都
武汉
重庆
南昌
长沙
福州
台北
贵阳
昆明
广州
南宁
澳门
香港
海口
台湾省
资料暂缺
图例（单位：天）
1～2
≥3

扬沙天气出现日数
2021年2月
乌鲁木齐
哈尔滨
长春
沈阳
呼和浩特
北京
天津
银川
太原
石家庄
济南
西宁
兰州
郑州
西安
合肥
南京
上海
杭州
拉萨
成都
武汉
重庆
南昌
长沙
福州
台北
贵阳
昆明
广州
南宁
澳门
香港
海口
台湾省
资料暂缺
图例（单位：天）
1～2
≥3

沙尘暴天气出现日数
2021年2月
乌鲁木齐
哈尔滨
长春
沈阳
呼和浩特
北京
天津
银川
太原
石家庄
济南
西宁
兰州
郑州
西安
合肥
南京
上海
杭州
拉萨
成都
武汉
重庆
南昌
长沙
台北
福州
贵阳
昆明
南宁
广州
香港
澳门
海口
台湾省
资料暂缺
图例(单位：天)
≥1

强沙尘暴天气出现日数
2021年2月
乌鲁木齐
哈尔滨
长春
沈阳
呼和浩特
北京
天津
银川
太原
石家庄
济南
西宁
兰州
郑州
西安
合肥
南京
上海
杭州
拉萨
成都
武汉
重庆
南昌
长沙
台北
福州
贵阳
昆明
南宁
广州
香港
澳门
海口
台湾省
资料暂缺
图例(单位：天)
≥1

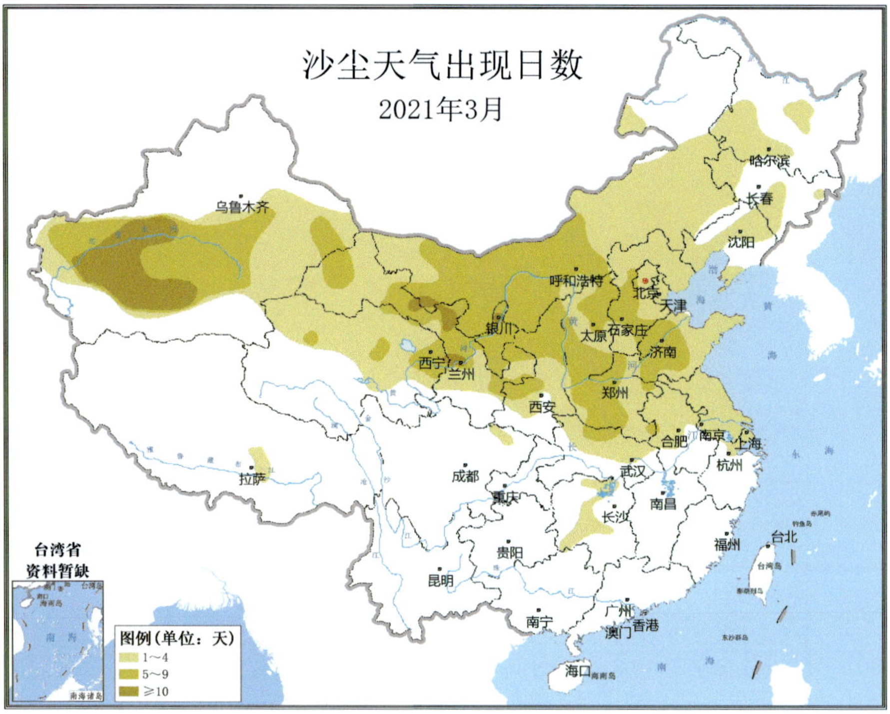
沙尘天气出现日数
2021年3月
台湾省
资料暂缺
图例（单位：天）
1～4
5～9
≥10
乌鲁木齐
哈尔滨
长春
沈阳
呼和浩特
北京
天津
银川
太原
石家庄
济南
西宁
兰州
郑州
西安
合肥
南京
上海
拉萨
成都
武汉
杭州
重庆
南昌
长沙
台北
福州
贵阳
昆明
广州
南宁
香港
澳门
海口

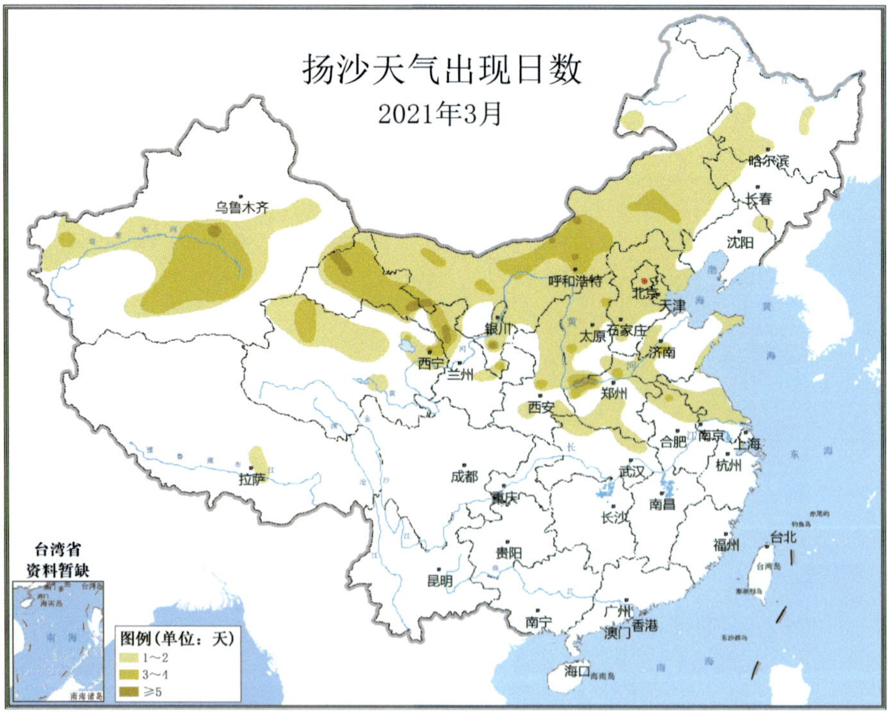
扬沙天气出现日数
2021年3月
台湾省
资料暂缺
图例（单位：天）
1～2
3～4
≥5
乌鲁木齐
哈尔滨
长春
沈阳
呼和浩特
北京
天津
银川
太原
石家庄
济南
西宁
兰州
郑州
西安
合肥
南京
上海
拉萨
成都
武汉
杭州
重庆
南昌
长沙
台北
福州
贵阳
昆明
广州
南宁
香港
澳门
海口

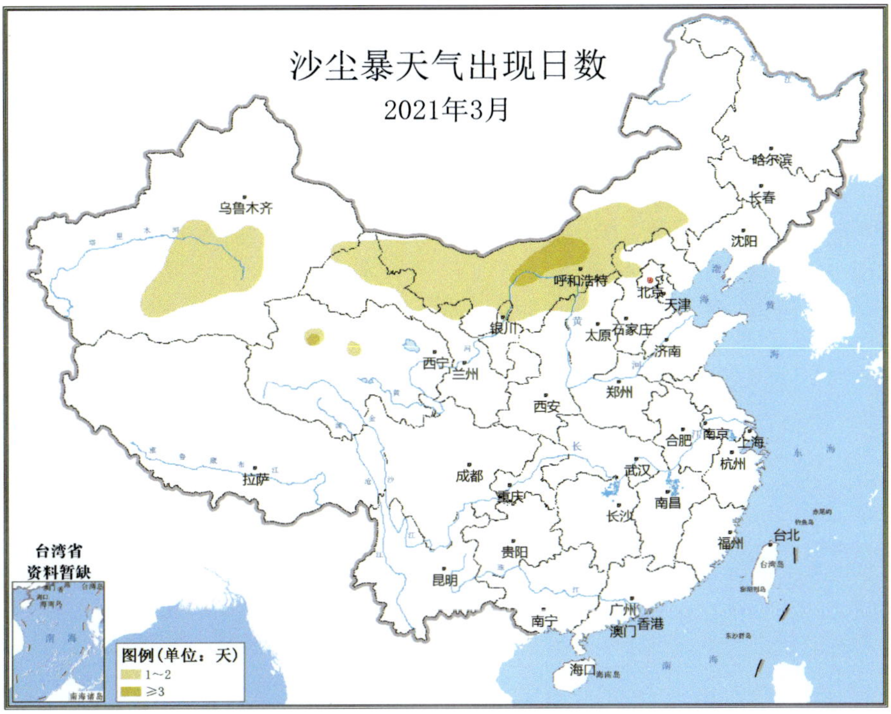
沙尘暴天气出现日数
2021年3月
乌鲁木齐
哈尔滨
长春
沈阳
呼和浩特
北京
天津
银川
太原
石家庄
济南
西宁
兰州
西安
郑州
合肥
南京
上海
杭州
拉萨
成都
武汉
重庆
南昌
长沙
福州
台北
贵阳
昆明
南宁
广州
香港
澳门
海口
台湾省
资料暂缺
图例(单位：天)
1~2
≥3

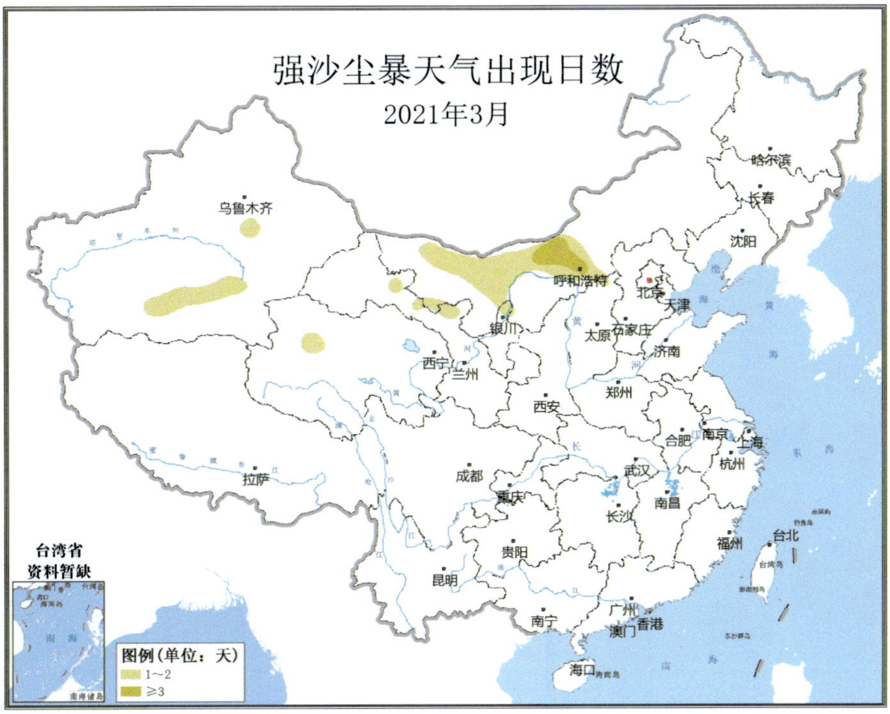
强沙尘暴天气出现日数
2021年3月
乌鲁木齐
哈尔滨
长春
沈阳
呼和浩特
北京
天津
银川
太原
石家庄
济南
西宁
兰州
西安
郑州
合肥
南京
上海
杭州
拉萨
成都
武汉
重庆
南昌
长沙
福州
台北
贵阳
昆明
南宁
广州
香港
澳门
海口
台湾省
资料暂缺
图例(单位：天)
1~2
≥3

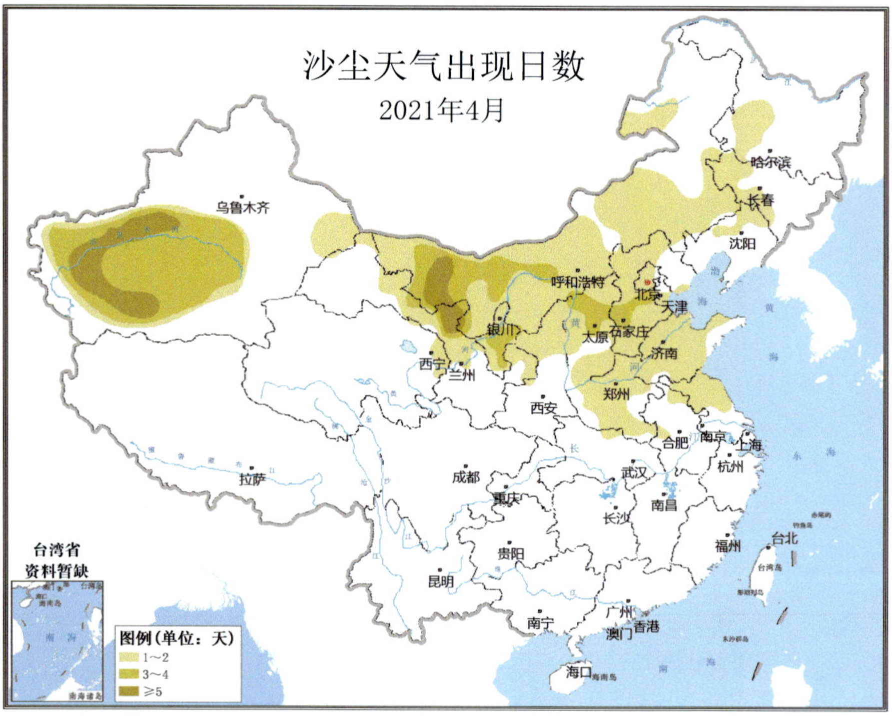
沙尘天气出现日数
2021年4月
乌鲁木齐
哈尔滨
长春
沈阳
呼和浩特
北京
天津
银川
太原
石家庄
西宁
兰州
济南
郑州
西安
合肥
南京
上海
杭州
拉萨
成都
武汉
重庆
南昌
长沙
福州
台北
贵阳
昆明
广州
澳门
香港
南宁
海口
台湾省
资料暂缺
图例（单位：天）
1～2
3～4
≥5

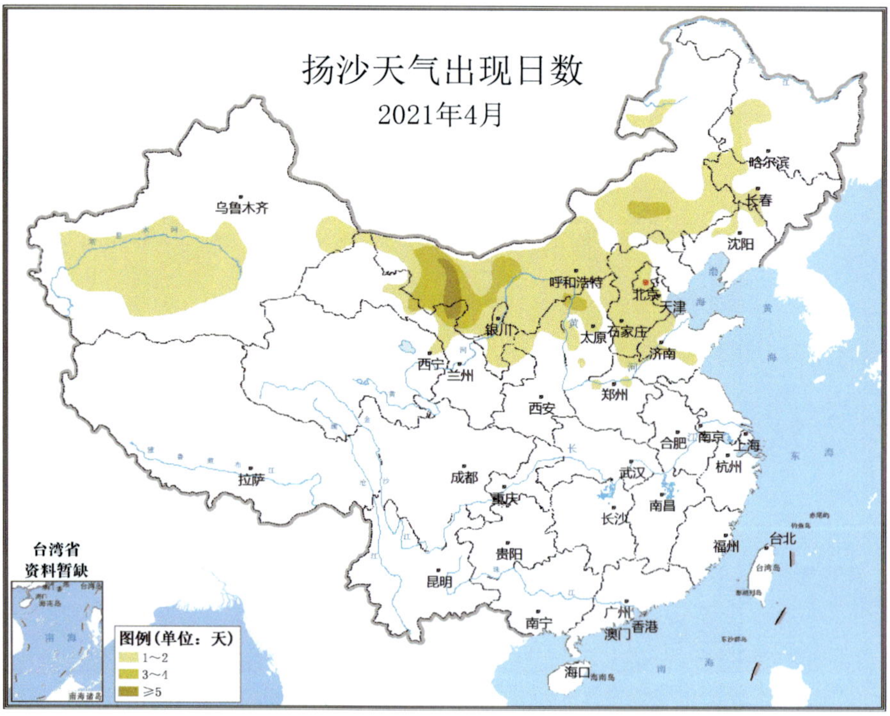
扬沙天气出现日数
2021年4月
乌鲁木齐
哈尔滨
长春
沈阳
呼和浩特
北京
天津
银川
太原
石家庄
西宁
兰州
济南
郑州
西安
合肥
南京
上海
杭州
拉萨
成都
武汉
重庆
南昌
长沙
福州
台北
贵阳
昆明
广州
澳门
香港
南宁
海口
台湾省
资料暂缺
图例（单位：天）
1～2
3～4
≥5

沙尘暴天气出现日数
2021年4月
乌鲁木齐
哈尔滨
长春
沈阳
呼和浩特
北京
天津
银川
太原
石家庄
济南
西宁
兰州
郑州
西安
合肥
南京
上海
杭州
拉萨
成都
武汉
重庆
南昌
长沙
福州
台北
贵阳
昆明
广州
香港
澳门
南宁
海口
台湾省
资料暂缺
图例(单位：天)
≥1

强沙尘暴天气出现日数
2021年4月
乌鲁木齐
哈尔滨
长春
沈阳
呼和浩特
北京
天津
银川
太原
石家庄
济南
西宁
兰州
郑州
西安
合肥
南京
上海
杭州
拉萨
成都
武汉
重庆
南昌
长沙
福州
台北
贵阳
昆明
广州
香港
澳门
南宁
海口
台湾省
资料暂缺
图例(单位：天)
≥1

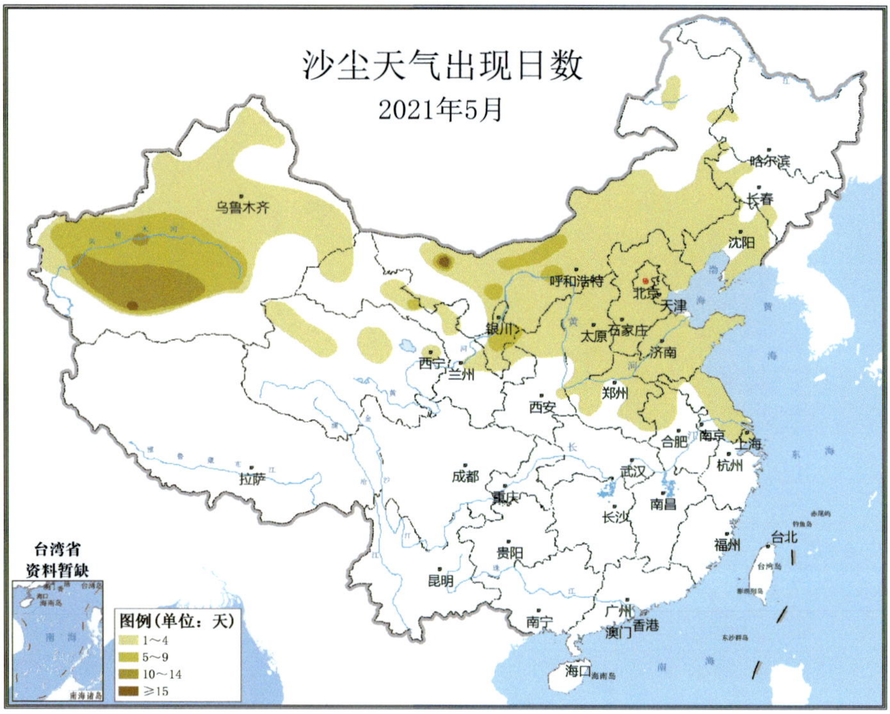
沙尘天气出现日数
2021年5月
乌鲁木齐
呼和浩特
北京
天津
银川
石家庄
太原
济南
西宁
兰州
郑州
西安
合肥
南京
上海
拉萨
成都
武汉
杭州
重庆
长沙
南昌
福州
台北
贵阳
昆明
广州
南宁
香港
澳门
海口
哈尔滨
长春
沈阳
台湾省
资料暂缺
图例(单位：天)
1～4
5～9
10～14
≥15

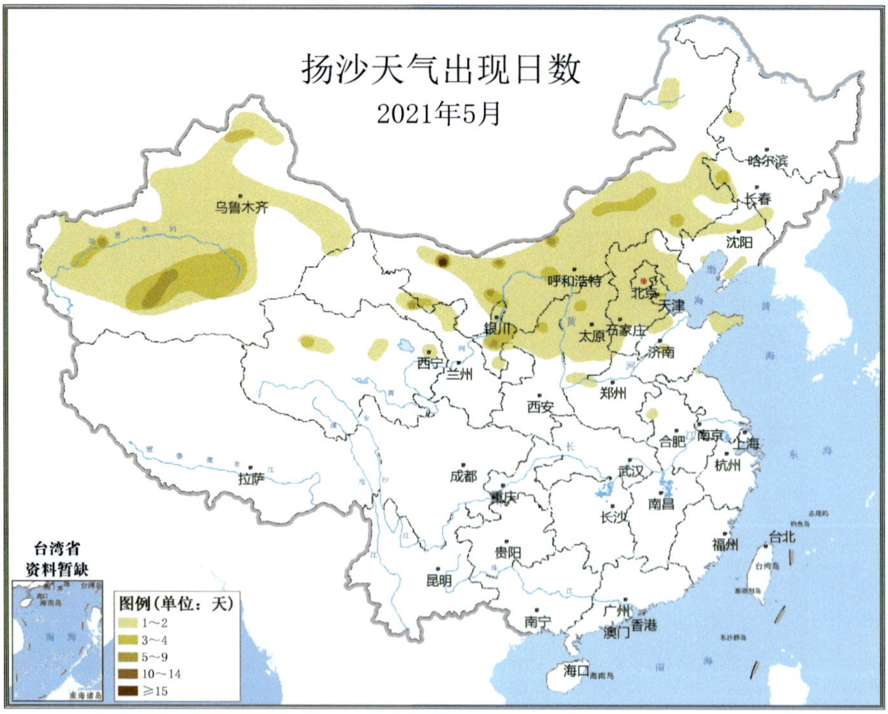
扬沙天气出现日数
2021年5月
乌鲁木齐
呼和浩特
北京
天津
银川
石家庄
太原
济南
西宁
兰州
郑州
西安
合肥
南京
上海
拉萨
成都
武汉
杭州
重庆
长沙
南昌
福州
台北
贵阳
昆明
广州
南宁
香港
澳门
海口
哈尔滨
长春
沈阳
台湾省
资料暂缺
图例(单位：天)
1～2
3～4
5～9
10～14
≥15

沙尘暴天气出现日数
2021年5月
乌鲁木齐
呼和浩特
北京
天津
银川
太原
石家庄
济南
西宁
兰州
郑州
西安
合肥
南京
上海
杭州
拉萨
成都
武汉
重庆
长沙
南昌
福州
台北
贵阳
昆明
广州
香港
澳门
南宁
海口
哈尔滨
长春
沈阳
台湾省
资料暂缺
图例(单位：天)
≥1

强沙尘暴天气出现日数
2021年5月
乌鲁木齐
呼和浩特
北京
天津
银川
太原
石家庄
济南
西宁
兰州
郑州
西安
合肥
南京
上海
杭州
拉萨
成都
武汉
重庆
长沙
南昌
福州
台北
贵阳
昆明
广州
香港
澳门
南宁
海口
哈尔滨
长春
沈阳
台湾省
资料暂缺
图例(单位：天)
≥1

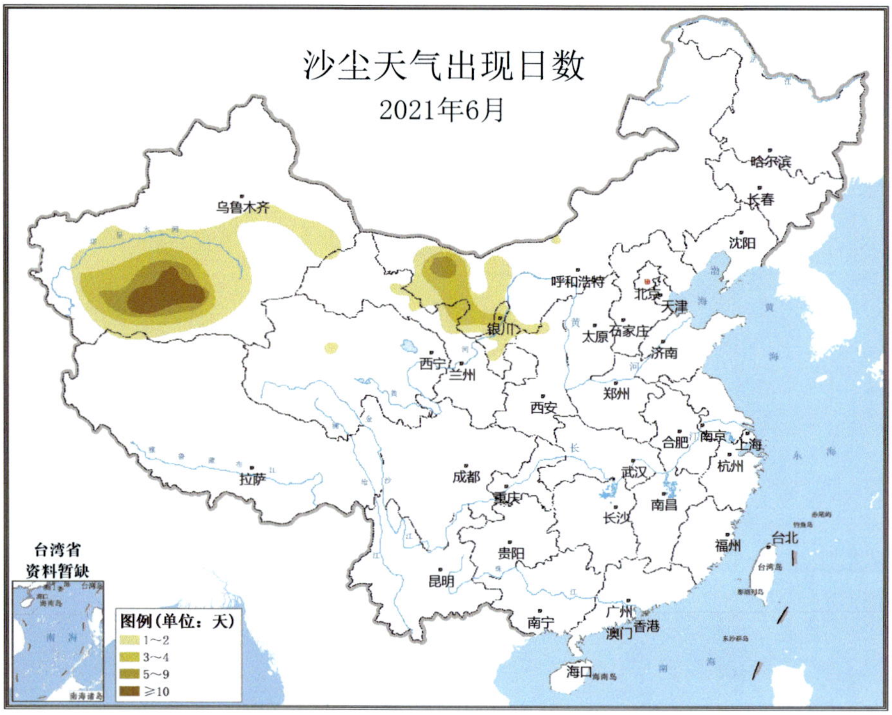
沙尘天气出现日数
2021年6月
乌鲁木齐
哈尔滨
长春
沈阳
呼和浩特
北京
天津
银川
太原
石家庄
济南
西宁
兰州
郑州
西安
合肥
南京
上海
拉萨
成都
武汉
杭州
重庆
南昌
长沙
福州
台北
贵阳
昆明
广州
南宁
澳门
香港
海口
台湾省
资料暂缺
图例(单位：天)
1～2
3～4
5～9
≥10

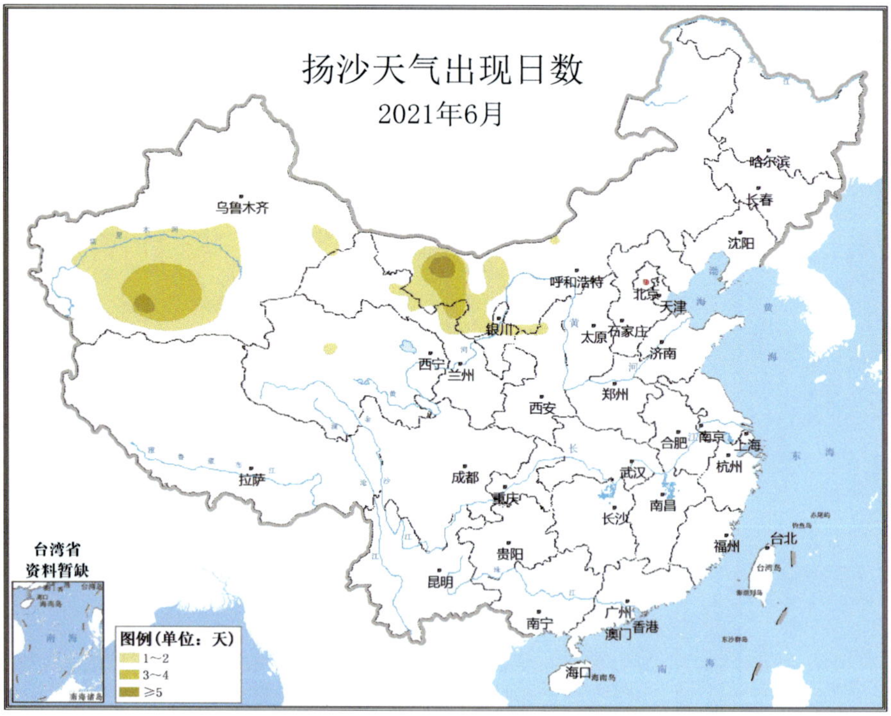
扬沙天气出现日数
2021年6月
乌鲁木齐
哈尔滨
长春
沈阳
呼和浩特
北京
天津
银川
太原
石家庄
济南
西宁
兰州
郑州
西安
合肥
南京
上海
拉萨
成都
武汉
杭州
重庆
南昌
长沙
福州
台北
贵阳
昆明
广州
南宁
澳门
香港
海口
台湾省
资料暂缺
图例(单位：天)
1～2
3～4
≥5

沙尘暴天气出现日数
2021年6月
乌鲁木齐
拉萨
西宁
兰州
银川
呼和浩特
北京
天津
石家庄
太原
济南
郑州
西安
成都
重庆
贵阳
昆明
南宁
武汉
长沙
南昌
合肥
南京
上海
杭州
福州
台北
广州
香港
澳门
海口
哈尔滨
长春
沈阳
台湾省
资料暂缺
图例(单位：天)
1～2
≥3

强沙尘暴天气出现日数
2021年6月
乌鲁木齐
拉萨
西宁
兰州
银川
呼和浩特
北京
天津
石家庄
太原
济南
郑州
西安
成都
重庆
贵阳
昆明
南宁
武汉
长沙
南昌
合肥
南京
上海
杭州
福州
台北
广州
香港
澳门
海口
哈尔滨
长春
沈阳
台湾省
资料暂缺
图例(单位：天)
≥1

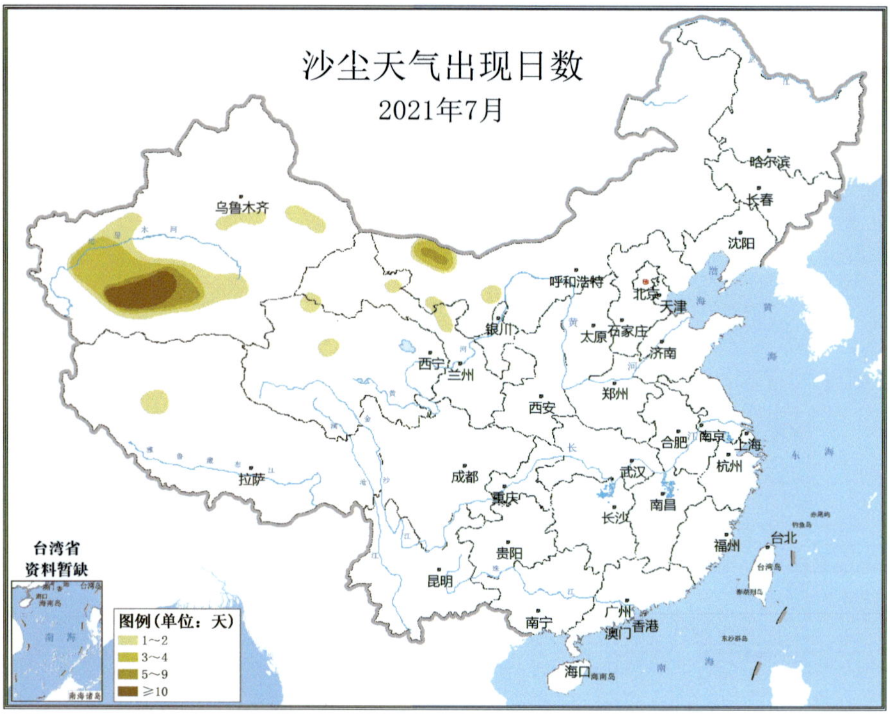
沙尘天气出现日数
2021年7月
乌鲁木齐
哈尔滨
长春
沈阳
呼和浩特
北京
天津
银川
太原
石家庄
济南
西宁
兰州
西安
郑州
合肥
南京
上海
杭州
拉萨
成都
武汉
重庆
南昌
长沙
福州
台北
贵阳
昆明
南宁
广州
香港
澳门
海口
台湾省
资料暂缺
图例（单位：天）
1～2
3～4
5～9
≥10

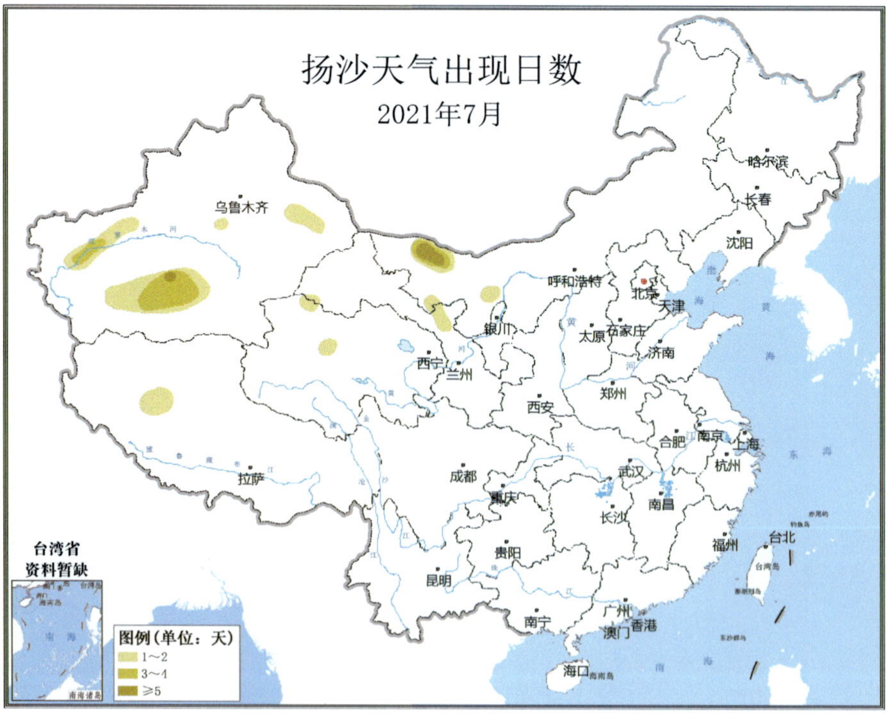
扬沙天气出现日数
2021年7月
乌鲁木齐
哈尔滨
长春
沈阳
呼和浩特
北京
天津
银川
太原
石家庄
济南
西宁
兰州
西安
郑州
合肥
南京
上海
杭州
拉萨
成都
武汉
重庆
南昌
长沙
福州
台北
贵阳
昆明
南宁
广州
香港
澳门
海口
台湾省
资料暂缺
图例（单位：天）
1～2
3～4
≥5

沙尘暴天气出现日数
2021年7月
乌鲁木齐
呼和浩特
北京
天津
银川
太原
石家庄
济南
西宁
兰州
西安
郑州
合肥
南京
上海
杭州
拉萨
成都
重庆
武汉
南昌
长沙
福州
台北
贵阳
昆明
南宁
广州
香港
澳门
海口
哈尔滨
长春
沈阳
台湾省
资料暂缺
图例(单位：天)
≥1

强沙尘暴天气出现日数
2021年7月
乌鲁木齐
呼和浩特
北京
天津
银川
太原
石家庄
济南
西宁
兰州
西安
郑州
合肥
南京
上海
杭州
拉萨
成都
重庆
武汉
南昌
长沙
福州
台北
贵阳
昆明
南宁
广州
香港
澳门
海口
哈尔滨
长春
沈阳
台湾省
资料暂缺
图例(单位：天)
≥1

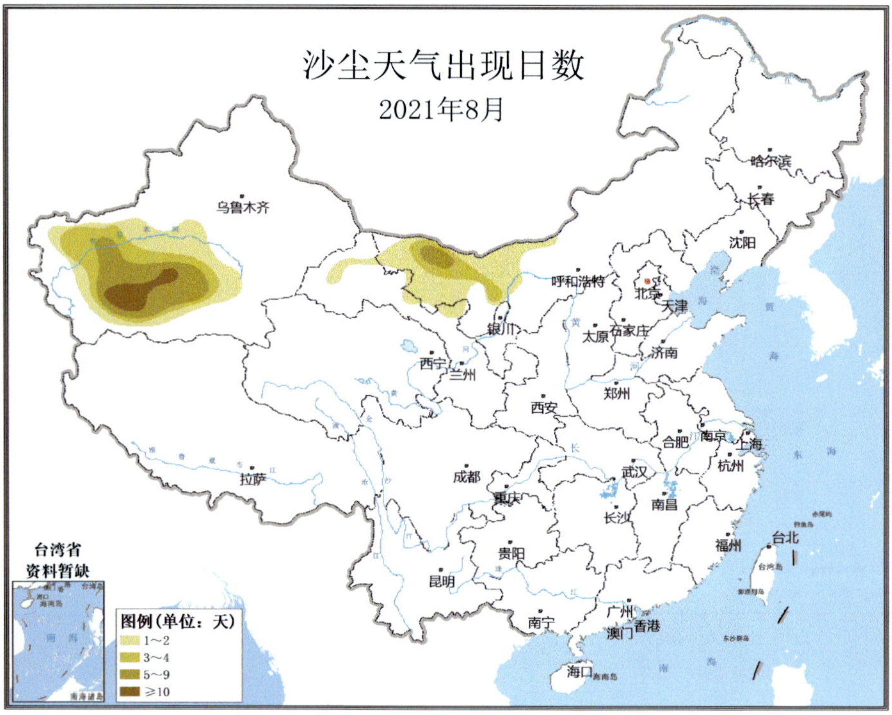
沙尘天气出现日数
2021年8月
乌鲁木齐
哈尔滨
长春
沈阳
呼和浩特
北京
天津
银川
太原
石家庄
济南
西宁
兰州
郑州
西安
合肥
南京
上海
杭州
拉萨
成都
武汉
重庆
南昌
长沙
福州
台北
贵阳
昆明
广州
南宁
澳门
香港
海口
台湾省
资料暂缺
图例(单位：天)
1～2
3～4
5～9
≥10

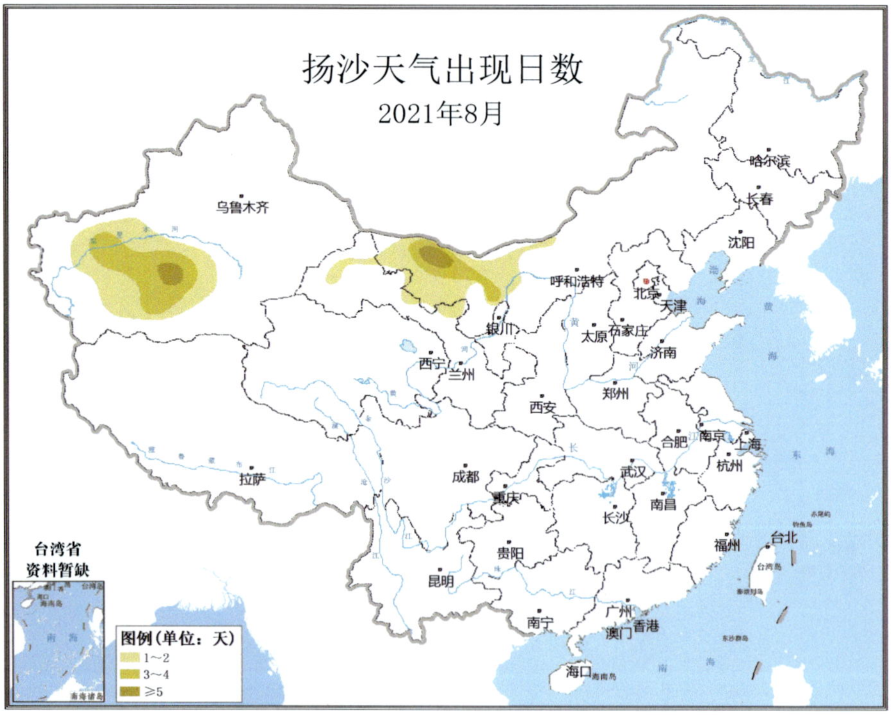
扬沙天气出现日数
2021年8月
乌鲁木齐
哈尔滨
长春
沈阳
呼和浩特
北京
天津
银川
太原
石家庄
济南
西宁
兰州
郑州
西安
合肥
南京
上海
杭州
拉萨
成都
武汉
重庆
南昌
长沙
福州
台北
贵阳
昆明
广州
南宁
澳门
香港
海口
台湾省
资料暂缺
图例(单位：天)
1～2
3～4
≥5

沙尘暴天气出现日数

2021年8月

强沙尘暴天气出现日数

2021年8月

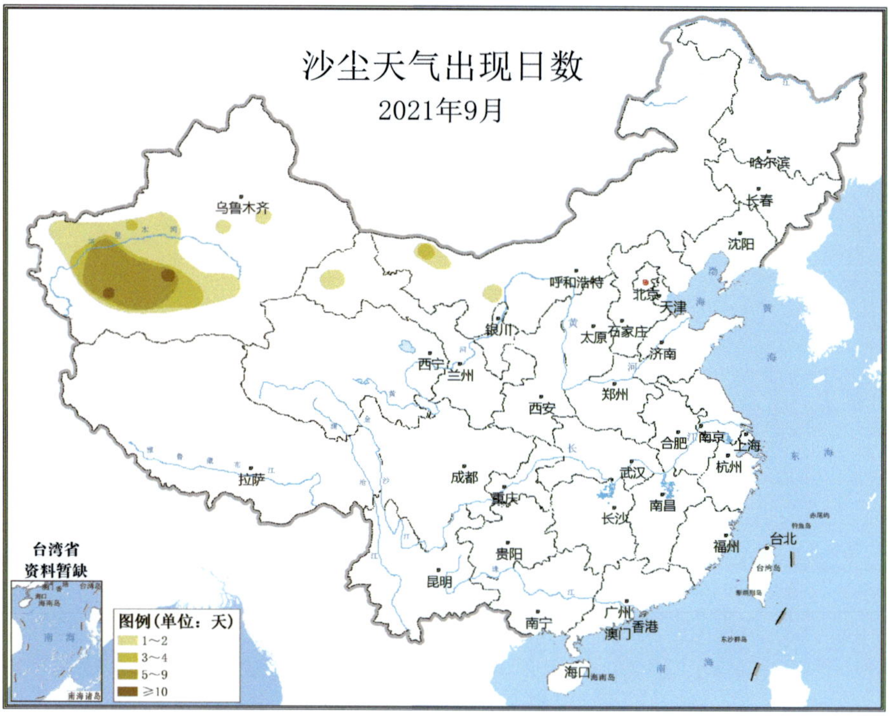
沙尘天气出现日数
2021年9月
乌鲁木齐
呼和浩特
北京
天津
哈尔滨
长春
沈阳
银川
太原
石家庄
济南
西宁
兰州
西安
郑州
合肥
南京
上海
杭州
武汉
成都
重庆
长沙
南昌
拉萨
贵阳
昆明
福州
台北
南宁
广州
澳门
香港
海口
台湾省
资料暂缺
图例（单位：天）
1～2
3～4
5～9
≥10

扬沙天气出现日数
2021年9月
乌鲁木齐
呼和浩特
北京
天津
哈尔滨
长春
沈阳
银川
太原
石家庄
济南
西宁
兰州
西安
郑州
合肥
南京
上海
杭州
武汉
成都
重庆
长沙
南昌
拉萨
贵阳
昆明
福州
台北
南宁
广州
澳门
香港
海口
台湾省
资料暂缺
图例（单位：天）
1～2
≥3

沙尘暴天气出现日数
2021年9月
乌鲁木齐
哈尔滨
长春
沈阳
呼和浩特
北京
天津
银川
太原
石家庄
济南
西宁
兰州
西安
郑州
合肥
南京
上海
杭州
拉萨
成都
武汉
重庆
长沙
南昌
福州
台北
贵阳
昆明
南宁
广州
香港
澳门
海口
台湾省
资料暂缺
图例(单位：天)
≥1

强沙尘暴天气出现日数
2021年9月
乌鲁木齐
哈尔滨
长春
沈阳
无强沙尘暴
呼和浩特
北京
天津
银川
太原
石家庄
济南
西宁
兰州
西安
郑州
合肥
南京
上海
杭州
拉萨
成都
武汉
重庆
长沙
南昌
福州
台北
贵阳
昆明
南宁
广州
香港
澳门
海口
台湾省
资料暂缺

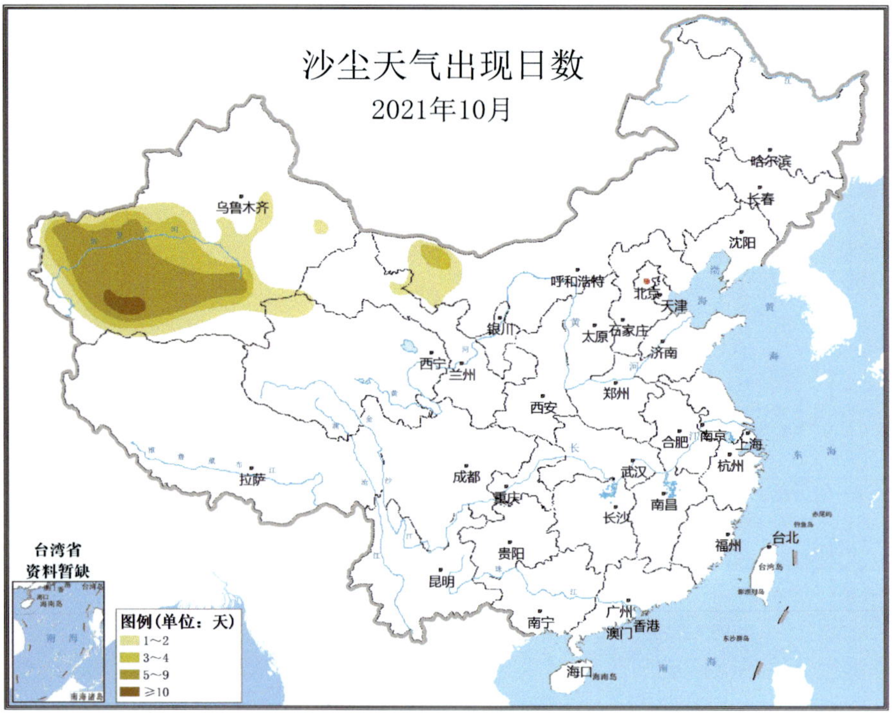
沙尘天气出现日数
2021年10月
台湾省
资料暂缺
图例(单位：天)
1~2
3~4
5~9
≥10

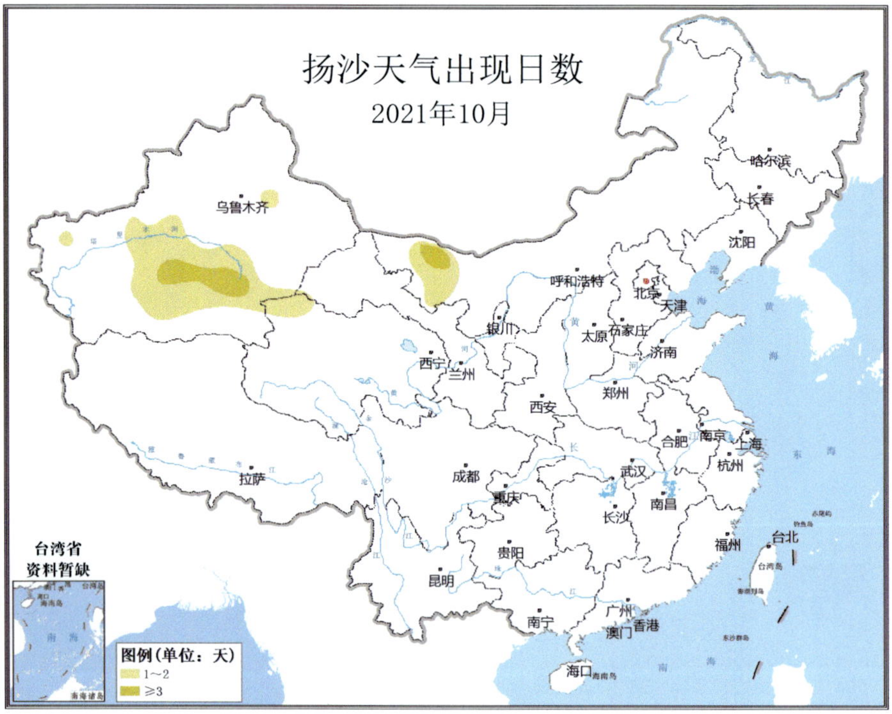
扬沙天气出现日数
2021年10月
台湾省
资料暂缺
图例(单位：天)
1~2
≥3

沙尘暴天气出现日数
2021年10月
乌鲁木齐
哈尔滨
长春
沈阳
呼和浩特
北京
天津
银川
太原
石家庄
济南
西宁
兰州
郑州
西安
合肥
南京
上海
杭州
拉萨
成都
武汉
重庆
长沙
南昌
福州
台北
贵阳
昆明
广州
南宁
澳门
香港
海口
台湾省
资料暂缺
图例（单位：天）
≥1

强沙尘暴天气出现日数
2021年10月
乌鲁木齐
哈尔滨
长春
沈阳
呼和浩特
北京
天津
银川
太原
石家庄
济南
西宁
兰州
郑州
西安
合肥
南京
上海
杭州
拉萨
成都
武汉
重庆
长沙
南昌
福州
台北
贵阳
昆明
广州
南宁
澳门
香港
海口
台湾省
资料暂缺
图例（单位：天）
≥1

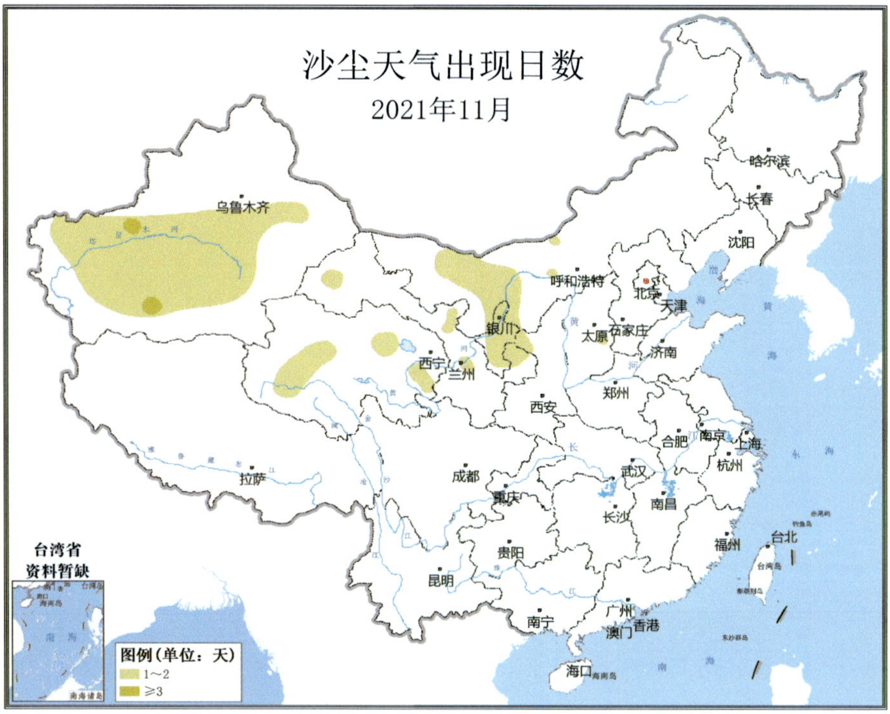
沙尘天气出现日数
2021年11月
乌鲁木齐
哈尔滨
长春
沈阳
呼和浩特
北京
天津
银川
太原
石家庄
济南
西宁
兰州
郑州
西安
合肥
南京
上海
杭州
拉萨
成都
武汉
重庆
南昌
长沙
福州
台北
贵阳
昆明
广州
南宁
澳门
香港
海口
台湾省
资料暂缺
图例（单位：天）
1～2
≥3

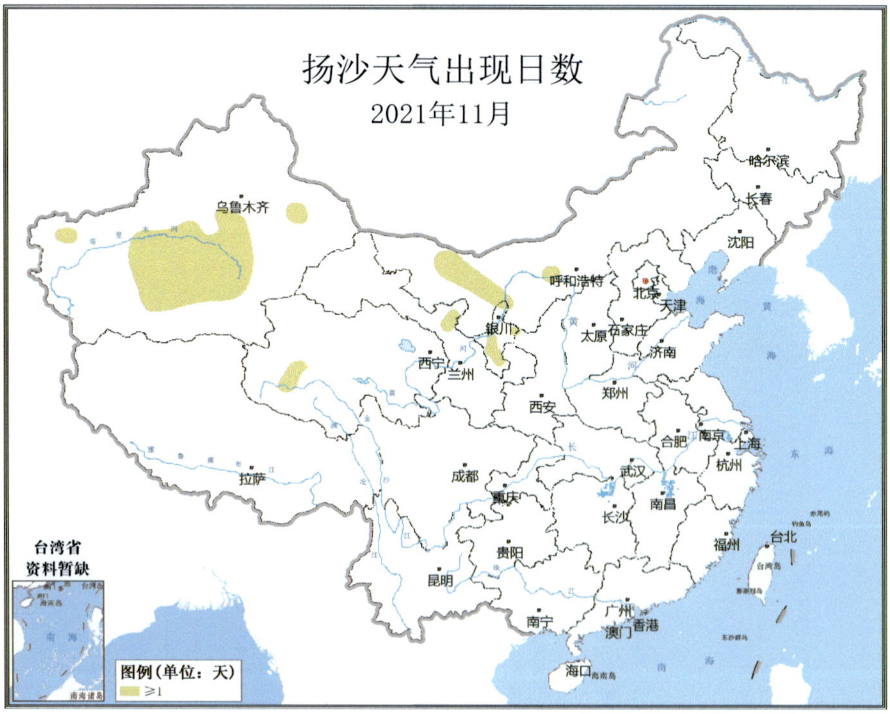
扬沙天气出现日数
2021年11月
乌鲁木齐
哈尔滨
长春
沈阳
呼和浩特
北京
天津
银川
太原
石家庄
济南
西宁
兰州
郑州
西安
合肥
南京
上海
杭州
拉萨
成都
武汉
重庆
南昌
长沙
福州
台北
贵阳
昆明
广州
南宁
澳门
香港
海口
台湾省
资料暂缺
图例（单位：天）
≥1

沙尘暴天气出现日数
2021年11月
乌鲁木齐
哈尔滨
长春
沈阳
呼和浩特
北京
天津
银川
太原
石家庄
济南
西宁
兰州
郑州
西安
合肥
南京
上海
武汉
杭州
拉萨
成都
重庆
长沙
南昌
福州
台北
贵阳
昆明
广州
香港
澳门
南宁
海口
台湾省
资料暂缺
图例(单位：天)
≥1

强沙尘暴天气出现日数
2021年11月
乌鲁木齐
哈尔滨
长春
沈阳
呼和浩特
北京
天津
银川
太原
石家庄
济南
西宁
兰州
郑州
西安
合肥
南京
上海
武汉
杭州
拉萨
成都
重庆
长沙
南昌
福州
台北
贵阳
昆明
广州
香港
澳门
南宁
海口
台湾省
资料暂缺
图例(单位：天)
≥1

沙尘天气出现日数
2021年12月
无沙尘
台湾省
资料暂缺
乌鲁木齐
呼和浩特
北京
天津
哈尔滨
长春
沈阳
银川
太原
石家庄
济南
西宁
兰州
郑州
西安
合肥
南京
上海
杭州
拉萨
成都
武汉
重庆
南昌
长沙
福州
台北
贵阳
昆明
广州
南宁
澳门
香港
海口

扬沙天气出现日数
2021年12月
无扬沙
台湾省
资料暂缺
乌鲁木齐
呼和浩特
北京
天津
哈尔滨
长春
沈阳
银川
太原
石家庄
济南
西宁
兰州
郑州
西安
合肥
南京
上海
杭州
拉萨
成都
武汉
重庆
南昌
长沙
福州
台北
贵阳
昆明
广州
南宁
澳门
香港
海口

沙尘暴天气出现日数
2021年12月
无沙尘暴
台湾省
资料暂缺
乌鲁木齐
哈尔滨
长春
沈阳
呼和浩特
北京
天津
银川
太原
石家庄
济南
西宁
兰州
郑州
西安
合肥
南京
上海
杭州
拉萨
成都
武汉
重庆
南昌
长沙
福州
台北
贵阳
昆明
广州
香港
澳门
南宁
海口

强沙尘暴天气出现日数
2021年12月
无强沙尘暴
台湾省
资料暂缺
乌鲁木齐
哈尔滨
长春
沈阳
呼和浩特
北京
天津
银川
太原
石家庄
济南
西宁
兰州
郑州
西安
合肥
南京
上海
杭州
拉萨
成都
武汉
重庆
南昌
长沙
福州
台北
贵阳
昆明
广州
香港
澳门
南宁
海口

5　2021年沙尘天气过程图表

5.1　1月10—16日扬沙天气过程

5.1.1　沙尘天气过程描述

起止时间	1月10—16日
类　型	扬沙天气过程
最大风速（单位：m/s） 及出现站点	19 甘肃：马鬃山
最小能见度（单位：km） 及出现地点	0.3 内蒙古：额济纳旗
沙尘路径	西北路径型
沙尘暴站点	甘肃：武威；内蒙古：阿拉善右旗
强沙尘暴站点	内蒙古：额济纳旗
影响系统	地面冷锋

5.1.2　沙尘天气范围图

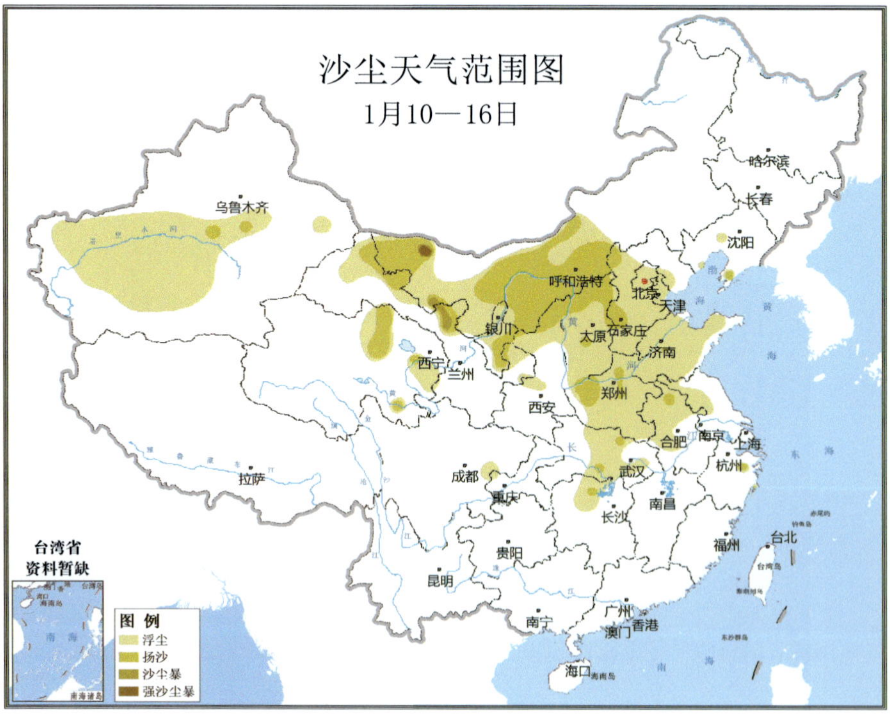

5.1.3 2021 年 1 月 14 日 20 时 500 hPa 环流形势图

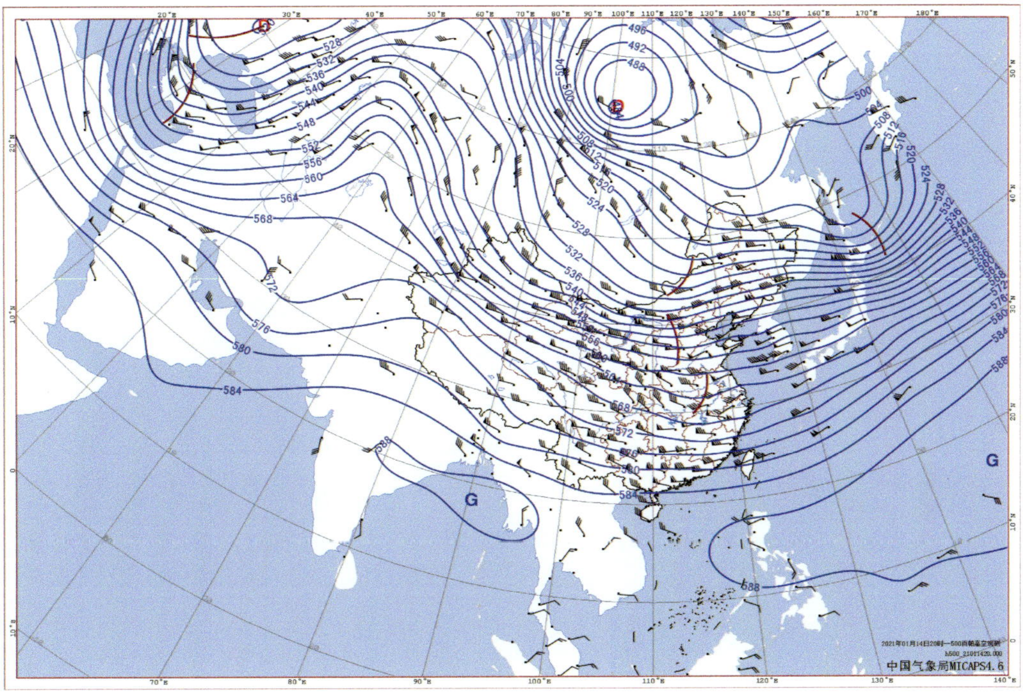

5.1.4 2021 年 1 月 14 日 20 时地面天气图

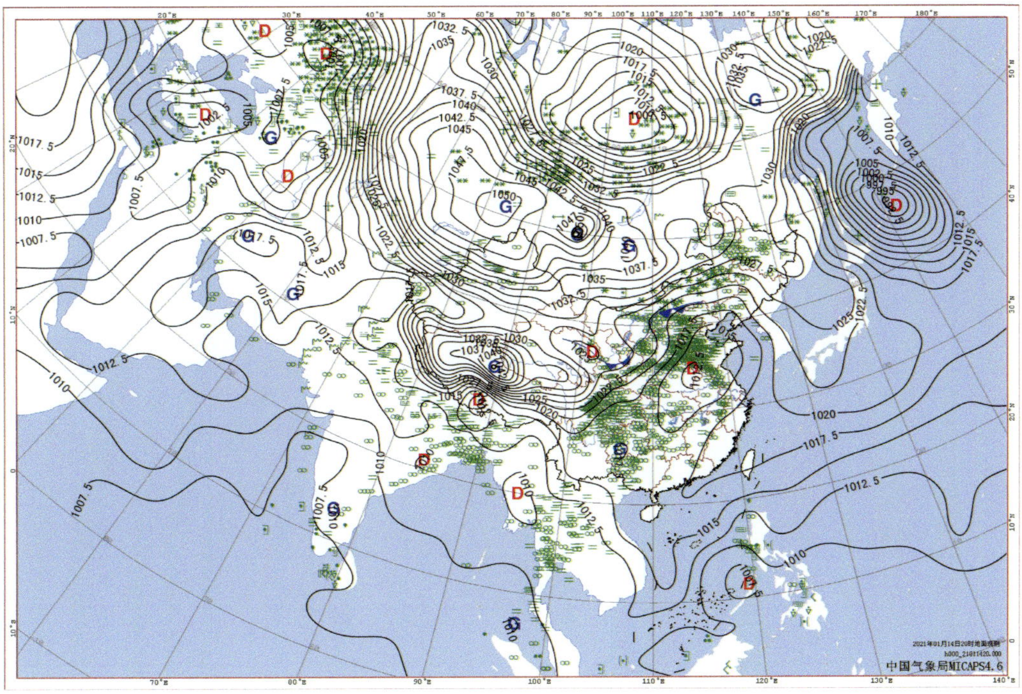

5.2 1月27—28日扬沙天气过程

5.2.1 沙尘天气过程描述

起止时间	1月27—28日
类　型	扬沙天气过程
最大风速(单位：m/s) 及出现站点	12 内蒙古：海力素、鄂托克旗；山西：河曲
最小能见度(单位：km) 及出现站点	0.6 内蒙古：吉兰泰
沙尘路径	西北路径型
沙尘暴站点	内蒙古：吉兰泰
强沙尘暴站点	/
影响系统	地面冷锋

5.2.2 沙尘天气范围图

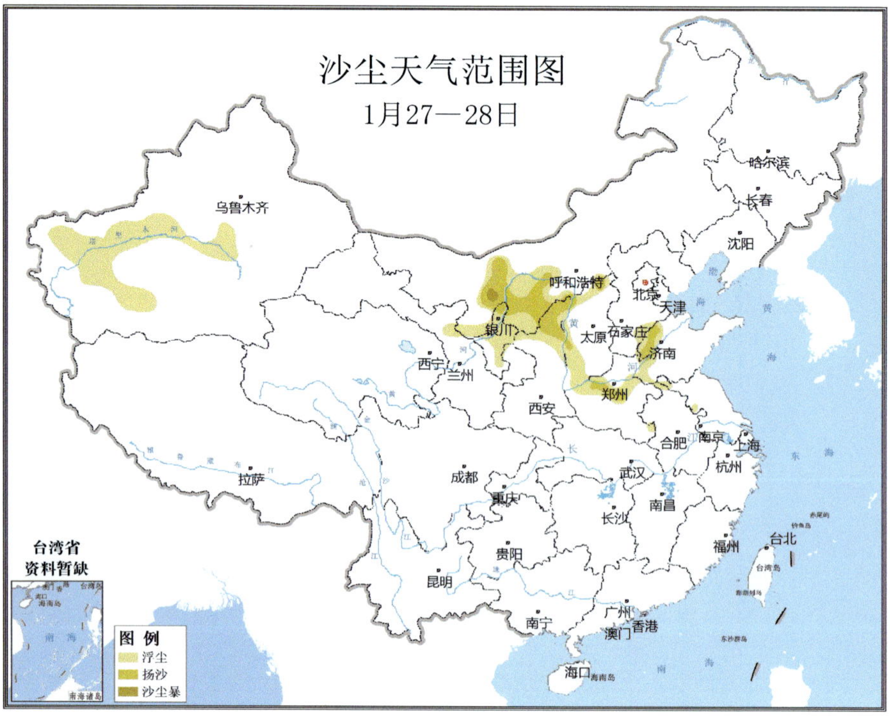

5.2.3 2021 年 1 月 27 日 20 时 500 hPa 环流形势图

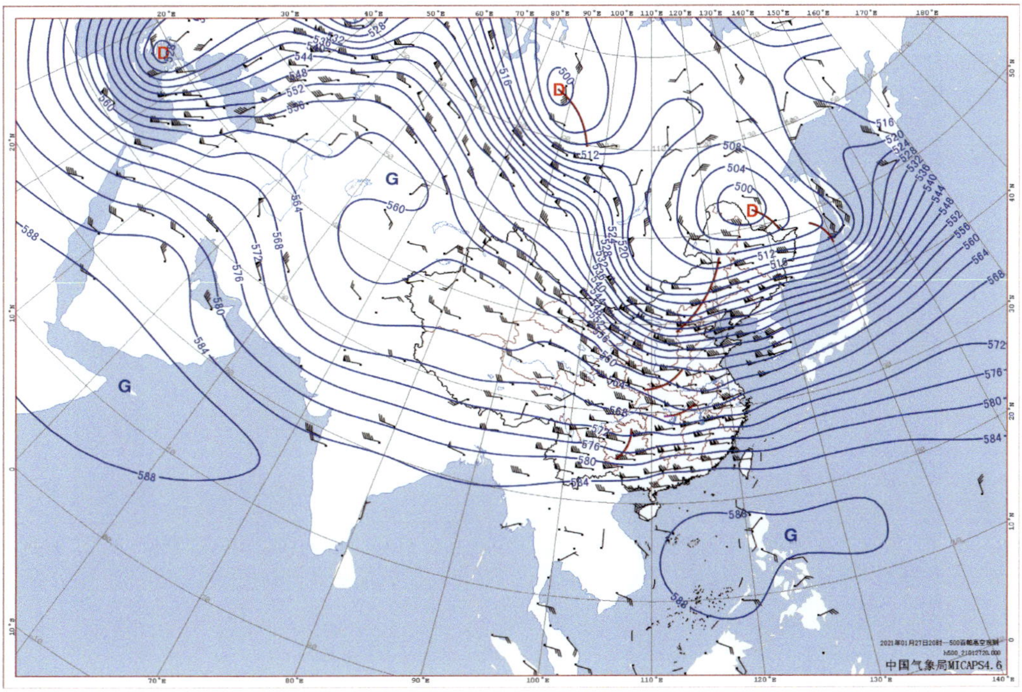

5.2.4 2021 年 1 月 27 日 20 时地面天气图

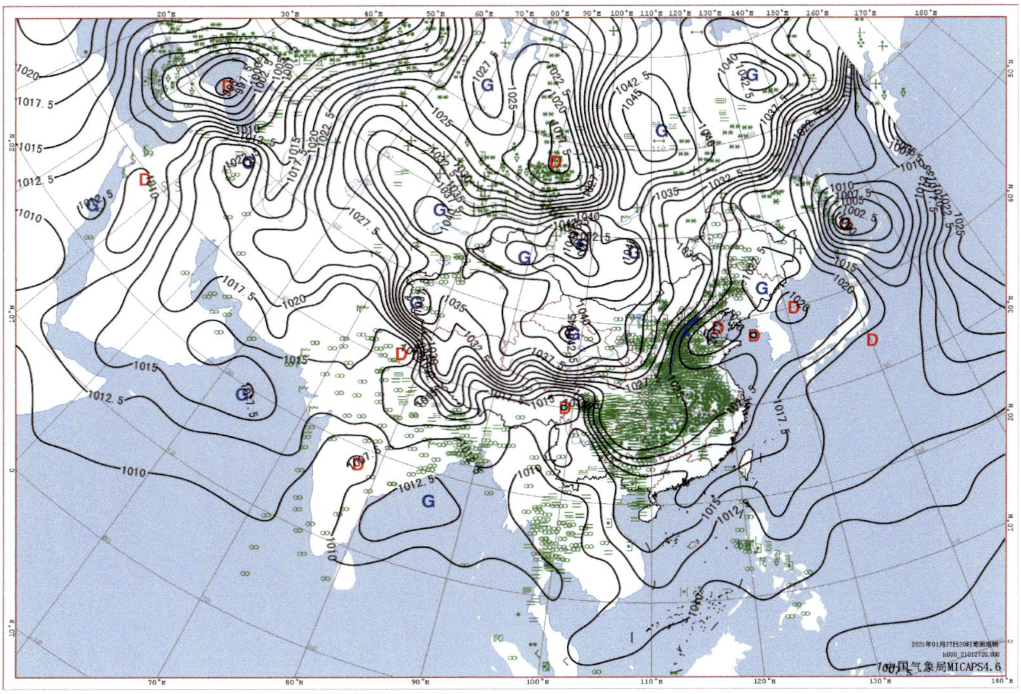

5.3 2月26—28日扬沙天气过程

5.3.1 沙尘天气过程描述

起止时间	2月26—28日
类　型	扬沙天气过程
最大风速(单位：m/s) 及出现站点	27 新疆：十三间房
最小能见度(单位：km) 及出现站点	0.1 青海：小灶火
沙尘路径	偏西路径型
沙尘暴站点	新疆：且末
强沙尘暴站点	青海：小灶火、格尔木
影响系统	蒙古气旋、地面冷锋

5.3.2 沙尘天气范围图

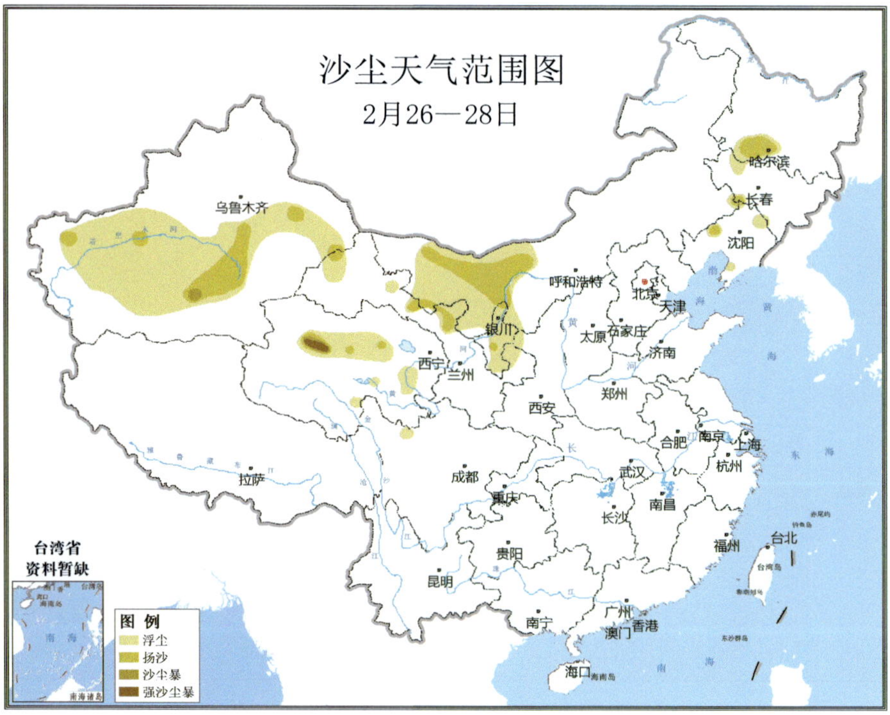

5.3.3 2021 年 2 月 27 日 08 时 500 hPa 环流形势图

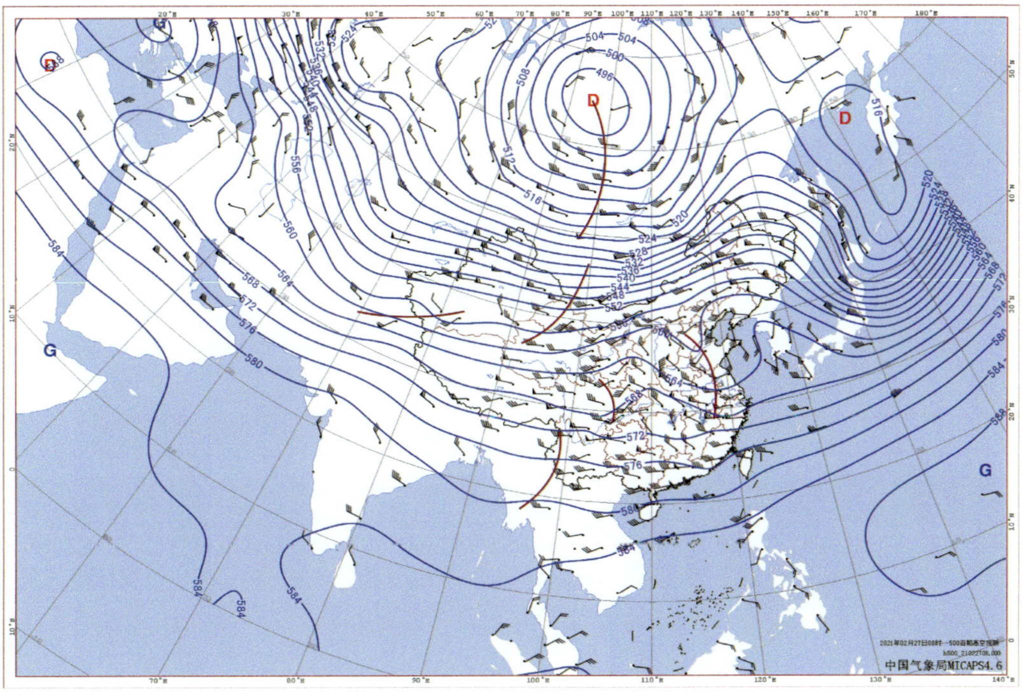

5.3.4 2021 年 2 月 27 日 08 时地面天气图

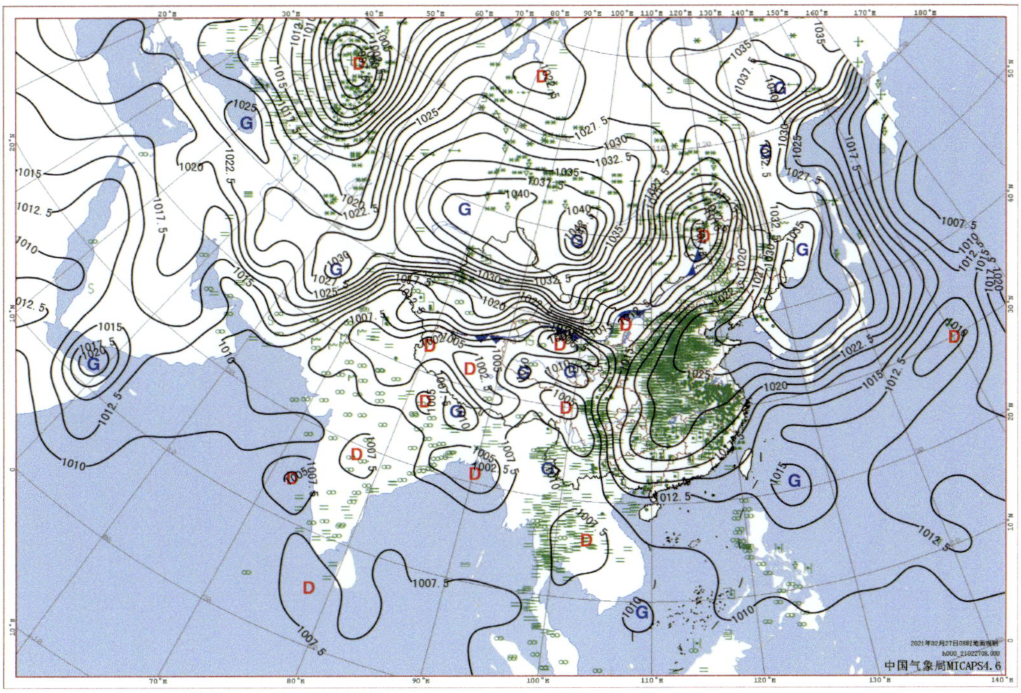

5.4　3月13—18日强沙尘暴天气过程

5.4.1　沙尘天气过程描述

起止时间	3月13—18日
类　型	强沙尘暴天气过程
最大风速(单位：m/s) 及出现站点	21 内蒙古：新巴尔虎右旗
最小能见度(单位：km) 及出现站点	0.1 内蒙古：额济纳旗、满都拉、乌拉特中旗； 甘肃：武威；宁夏：惠农
沙尘路径	偏西路径型
沙尘暴范围	新疆南疆盆地东部、青海西北部、甘肃北部、内蒙古中西部、宁夏北部、山西北部、河北西北部
强沙尘暴范围	新疆南疆盆地东南部、青海西北部、甘肃北部、内蒙古中西部、山西北部
影响系统	蒙古气旋、地面冷锋

5.4.2　沙尘天气范围图

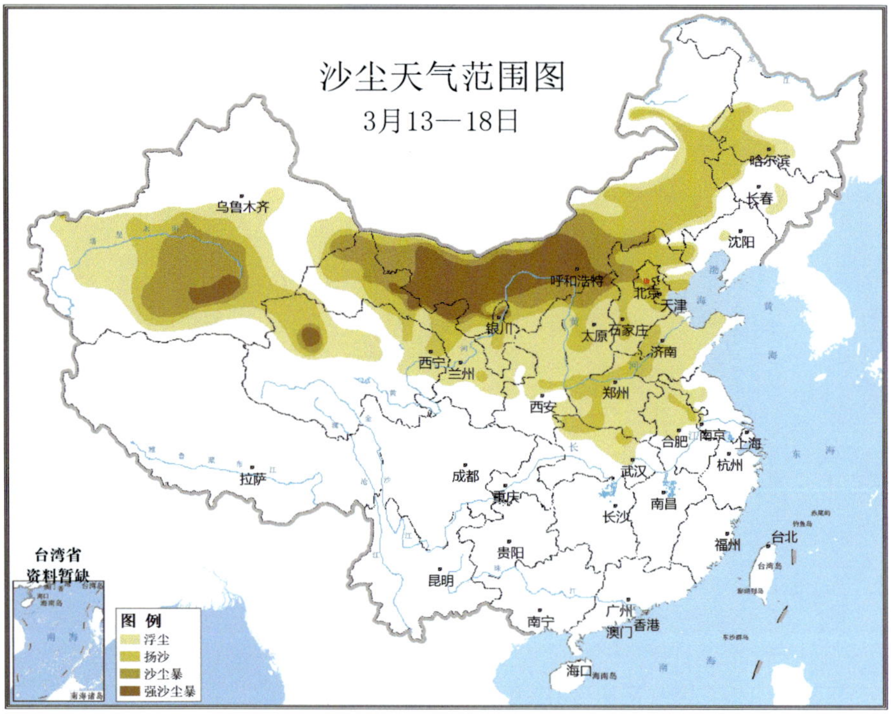

5.4.3　2021 年 3 月 14 日 20 时 500 hPa 环流形势图

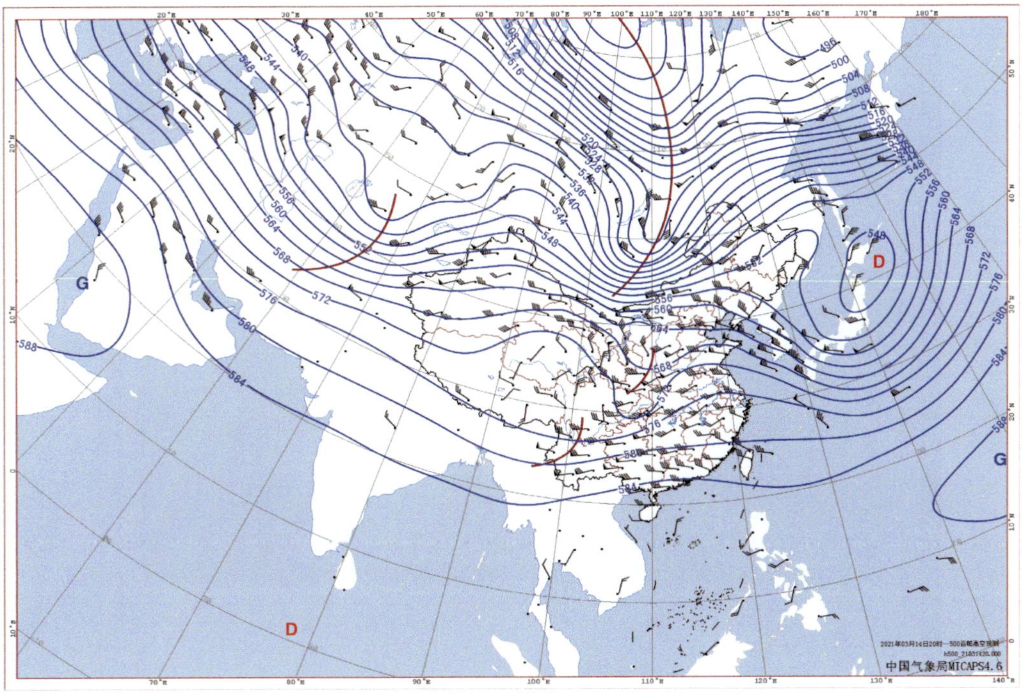

5.4.4　2021 年 3 月 14 日 20 时地面天气图

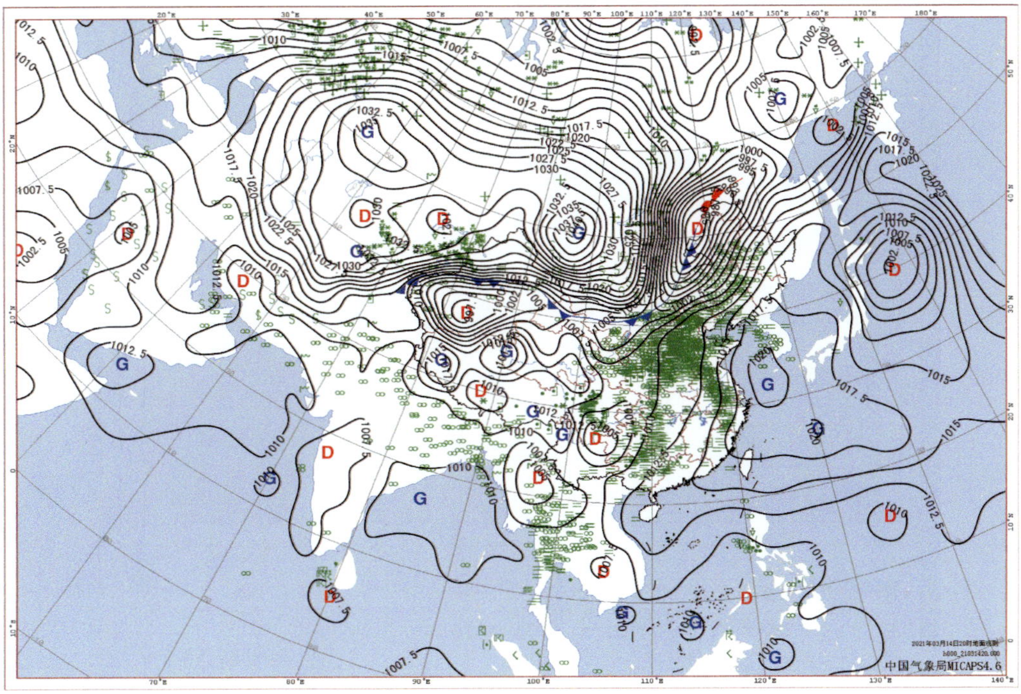

5.4.5 气象卫星监测图

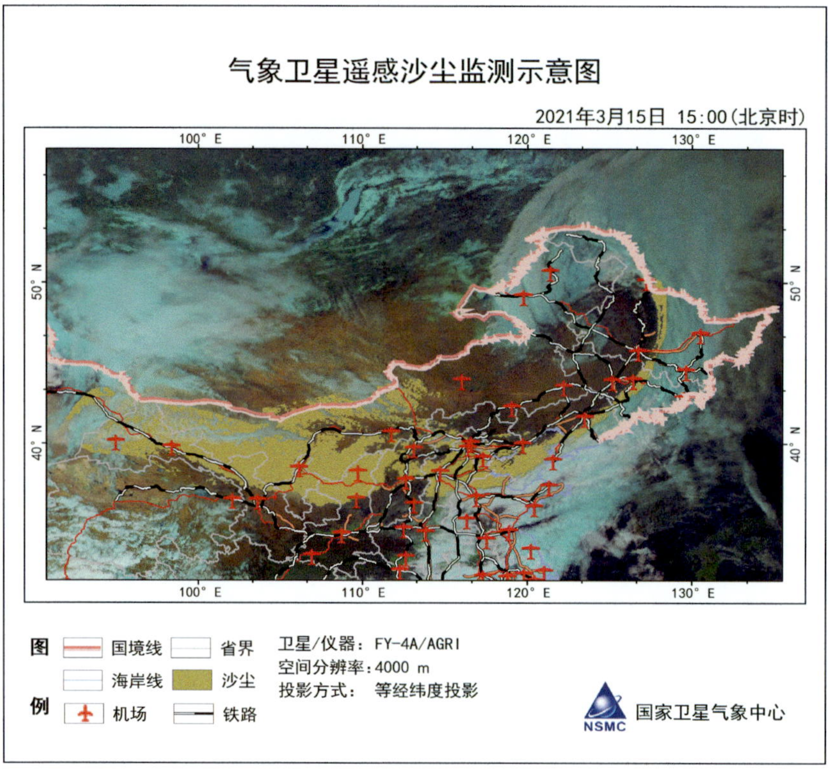
气象卫星遥感沙尘监测示意图
2021年3月15日 15:00(北京时)
100° E
110° E
120° E
130° E
50° N
40° N
图例
国境线
省界
海岸线
沙尘
机场
铁路
卫星/仪器：FY-4A/AGRI
空间分辨率：4000 m
投影方式：等经纬度投影
NSMC
国家卫星气象中心

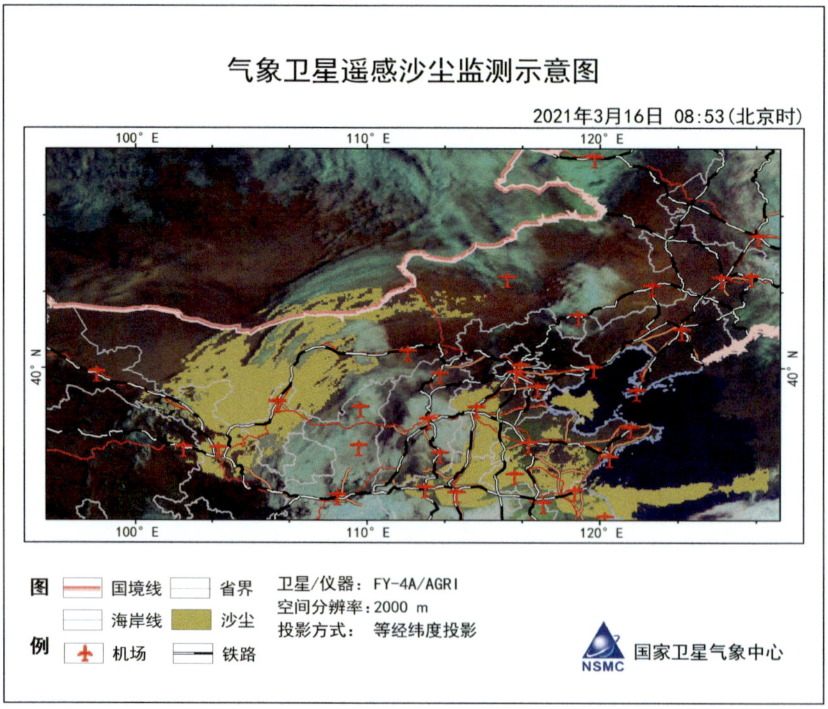
气象卫星遥感沙尘监测示意图
2021年3月16日 08:53(北京时)
100° E
110° E
120° E
40° N
图例
国境线
省界
海岸线
沙尘
机场
铁路
卫星/仪器：FY-4A/AGRI
空间分辨率：2000 m
投影方式：等经纬度投影
NSMC
国家卫星气象中心

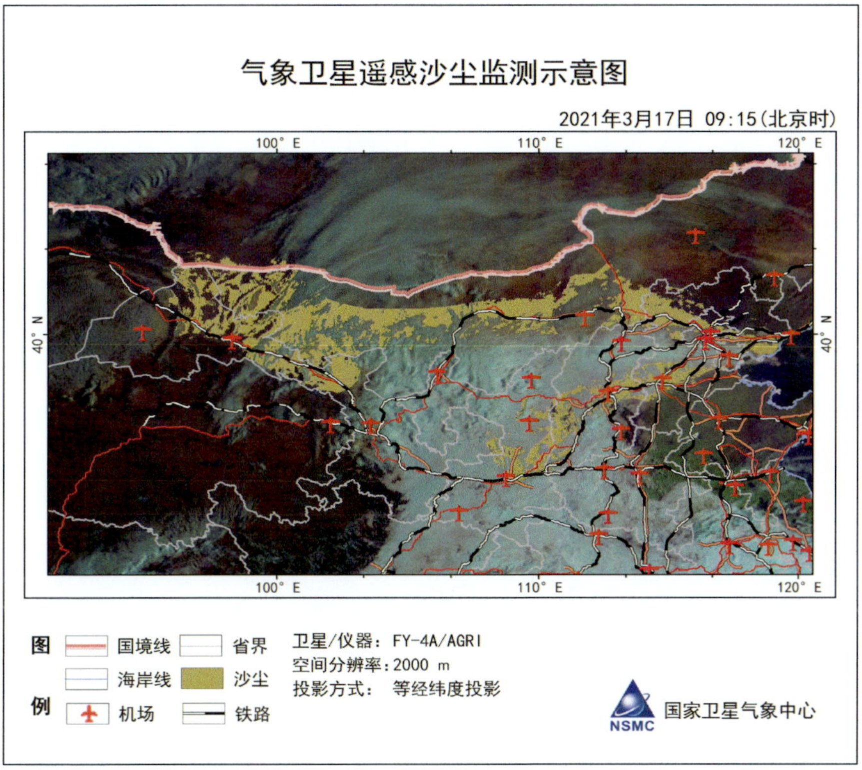

5.5 3月19—21日扬沙天气过程

5.5.1 沙尘天气过程描述

起止时间	3月19—21日
类　型	扬沙天气过程
最大风速（单位：m/s）及出现站点	14 甘肃：乌鞘岭
最小能见度（单位：km）及出现站点	0.7 青海：诺木洪
沙尘路径	偏西路径型
沙尘暴站点	青海：诺木洪； 内蒙古：拐子湖、吉兰泰
强沙尘暴站点	/
影响系统	地面冷锋

5.5.2 沙尘天气范围图

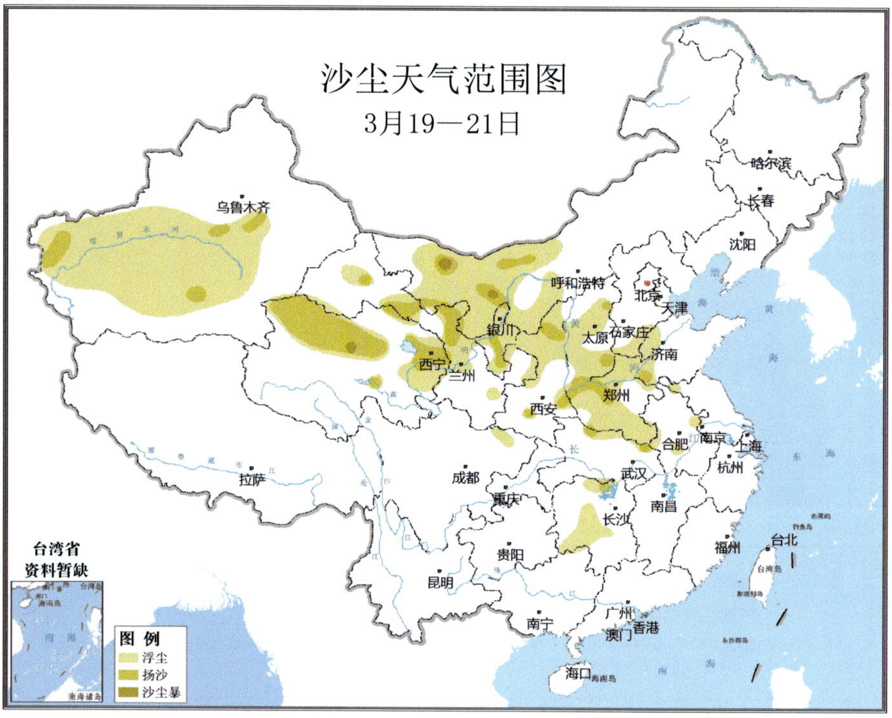

5.5.3 2021 年 3 月 20 日 20 时 500 hPa 环流形势图

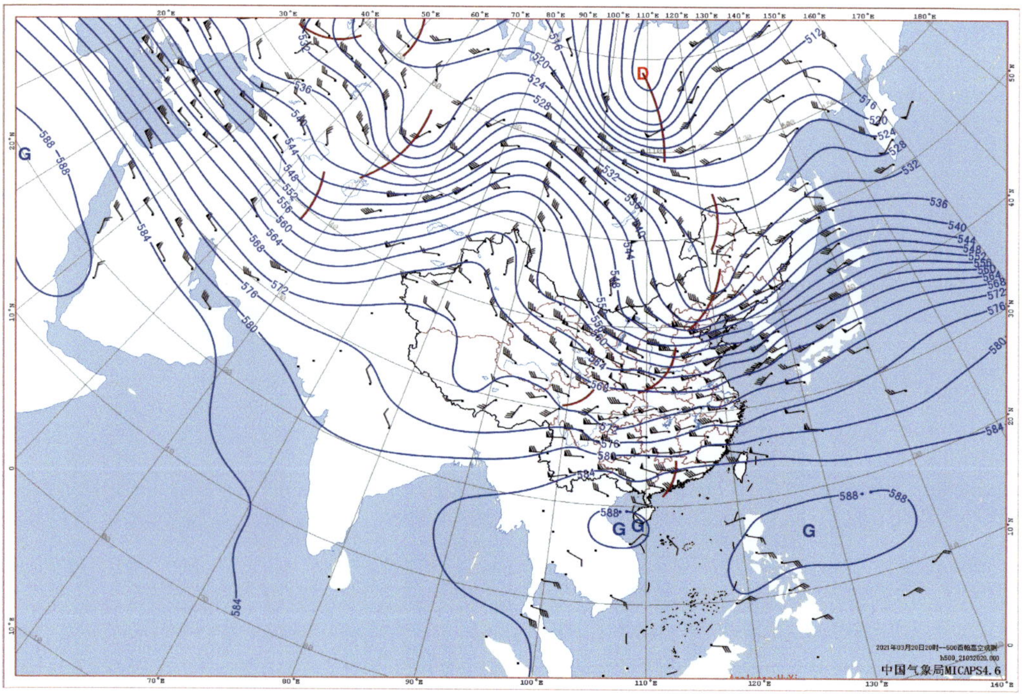

5.5.4 2021 年 3 月 20 日 20 时地面天气图

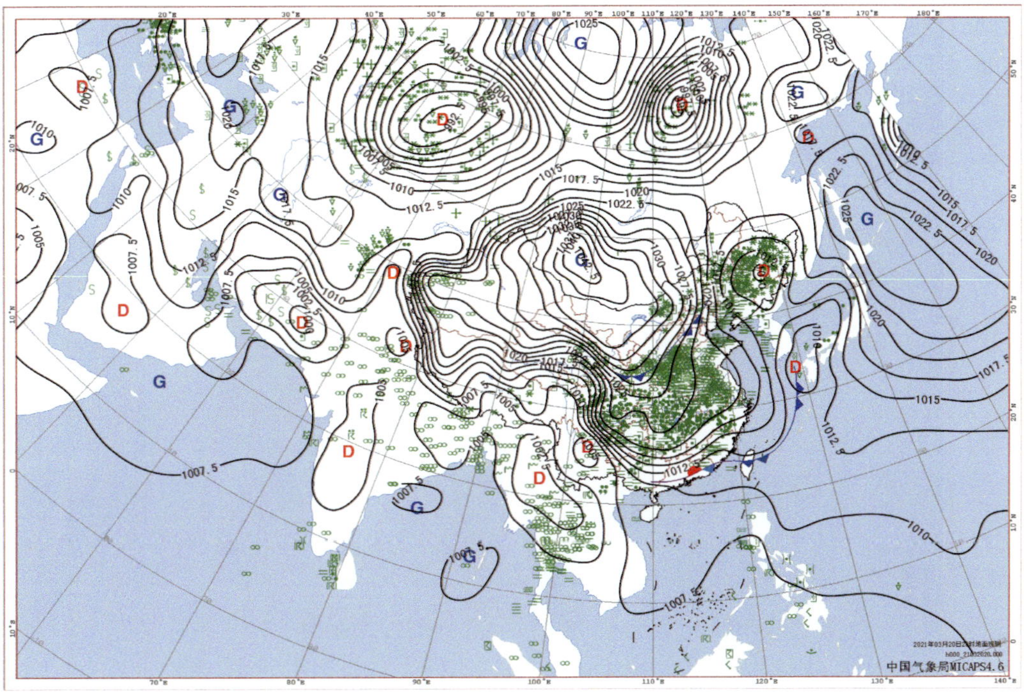

5.6 3月27日至4月1日强沙尘暴天气过程

5.6.1 沙尘天气过程描述

起止时间	3月27日至4月1日
类　型	强沙尘暴天气过程
最大风速(单位：m/s)及出现站点	16 内蒙古：二连浩特
最小能见度(单位：km)及出现站点	0.2 内蒙古：乌拉特中旗
沙尘路径	偏西路径型
沙尘暴范围	内蒙古中部、河北西北部
强沙尘暴范围	内蒙古中部
影响系统	蒙古气旋、地面冷锋

5.6.2 沙尘天气范围图

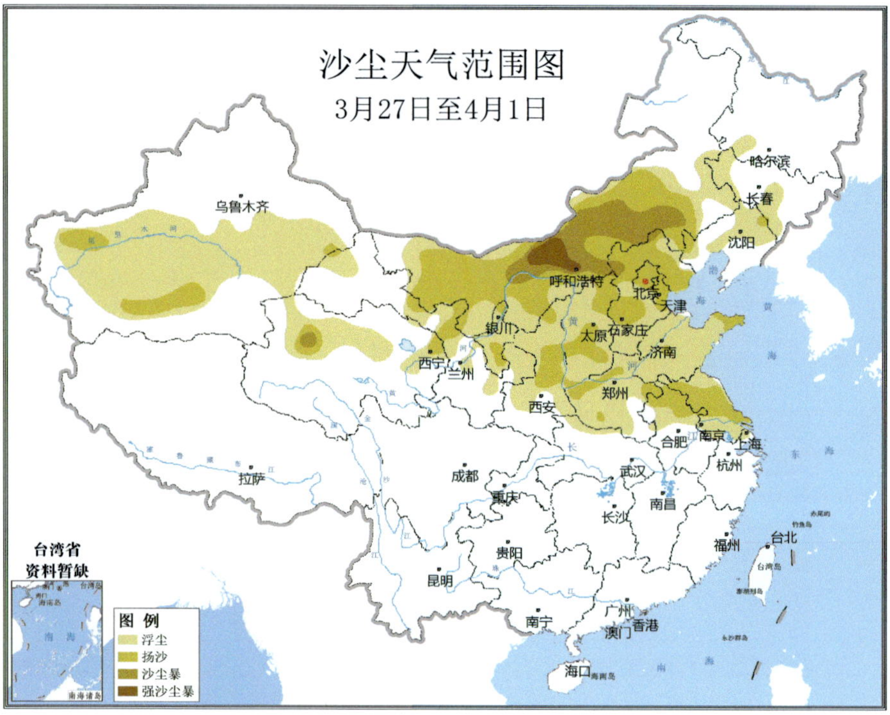

5.6.3 2021 年 3 月 27 日 20 时 500 hPa 环流形势图

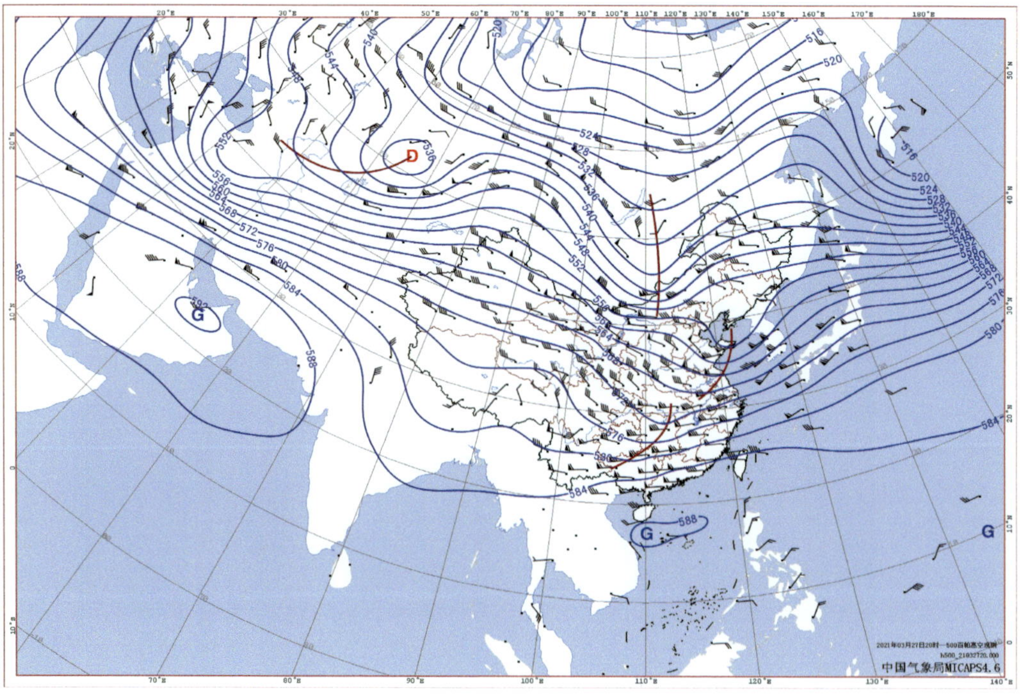

5.6.4 2021 年 3 月 27 日 20 时地面天气图

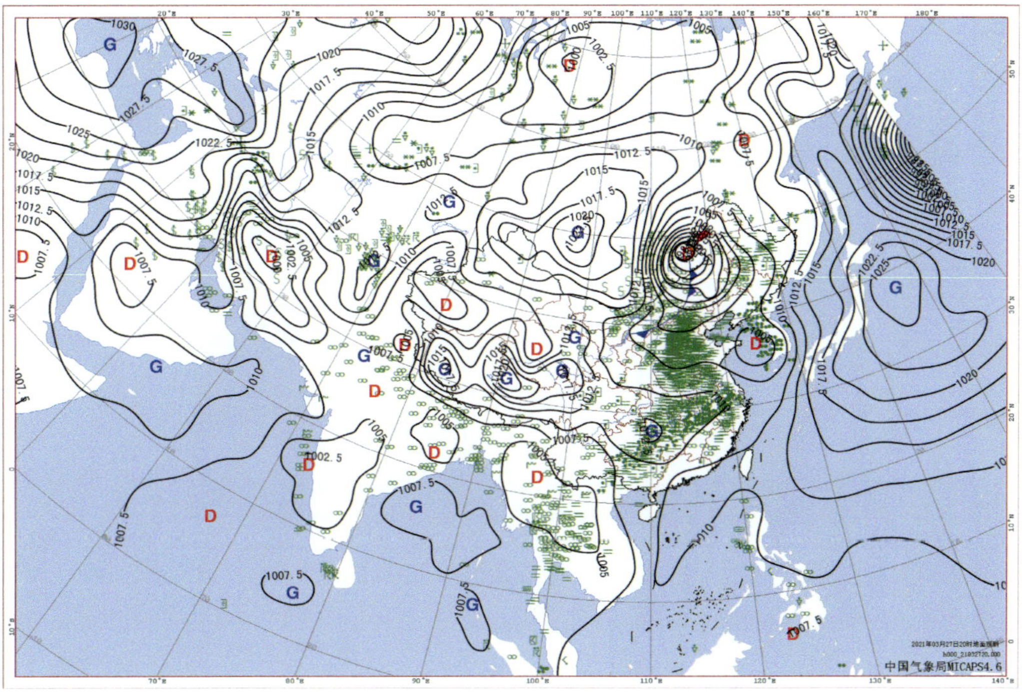

5.6.5 气象卫星监测图

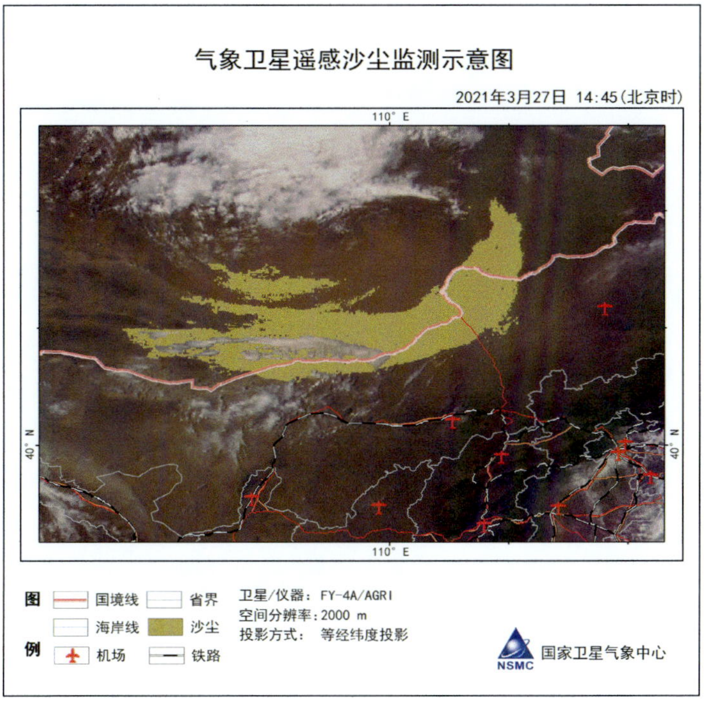

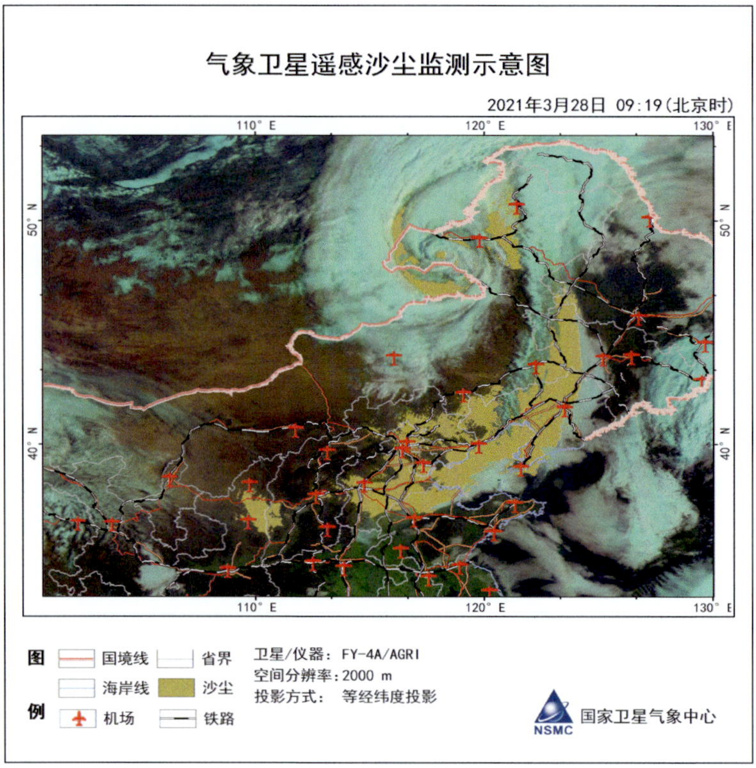

5.7 4月14—16日沙尘暴天气过程

5.7.1 沙尘天气过程描述

起止时间	4月14—16日
类　型	沙尘暴天气过程
最大风速(单位：m/s) 及出现站点	19 内蒙古：阿巴嘎旗
最小能见度(单位：km) 及出现站点	0.2 新疆：吉兰泰
沙尘路径	偏西路径型
沙尘暴站点	内蒙古：海力素、乌拉特中旗
强沙尘暴站点	内蒙古：满都拉、吉兰泰
影响系统	蒙古气旋、地面冷锋

5.7.2 沙尘天气范围图

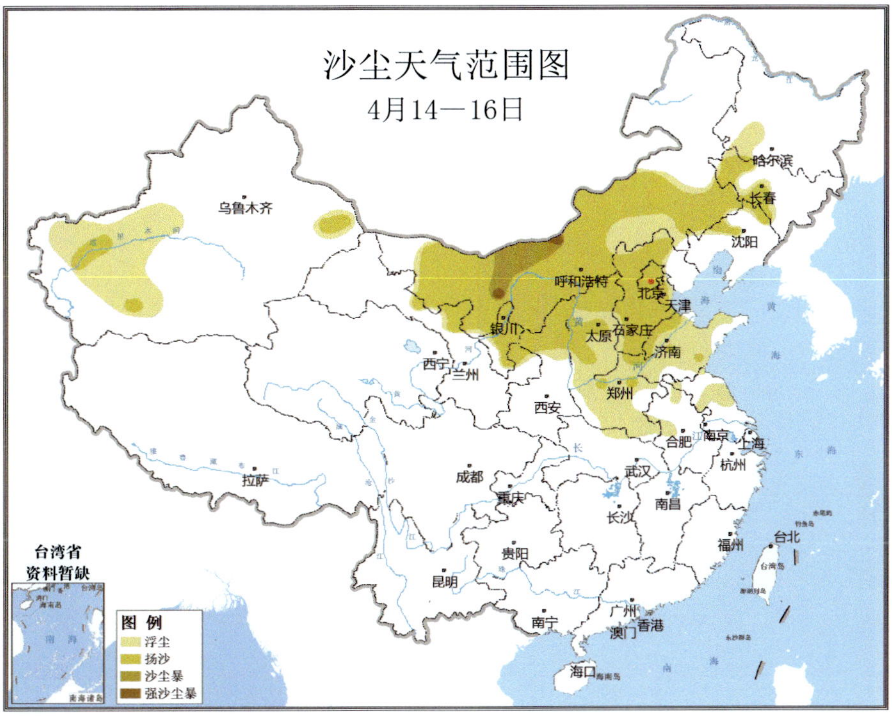

5.7.3 2021 年 4 月 15 日 08 时 500 hPa 环流形势图

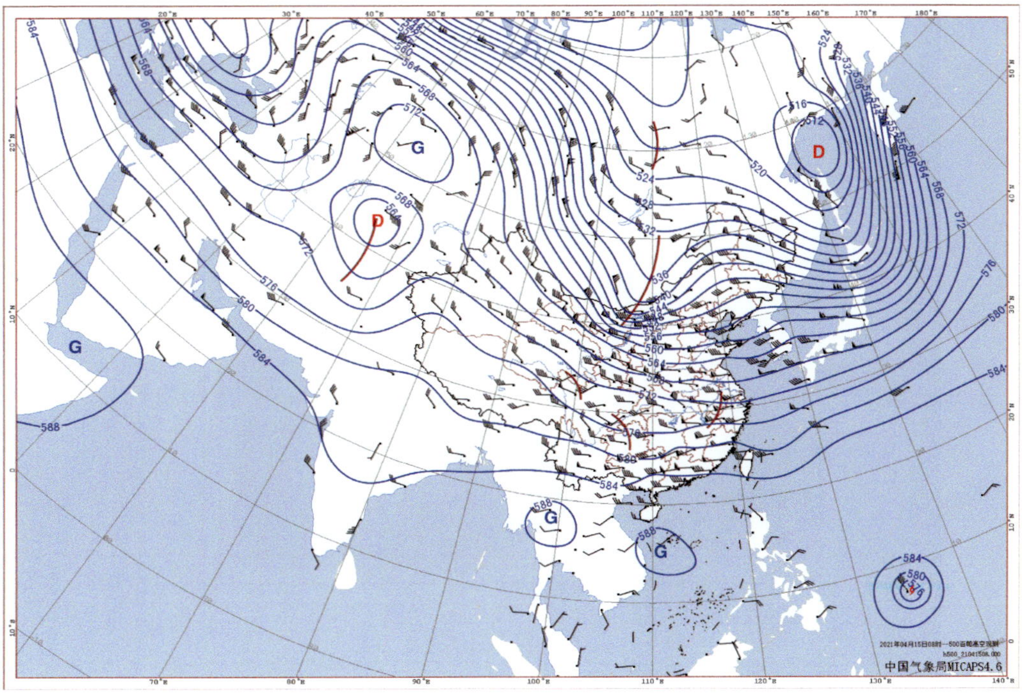

5.7.4 2021 年 4 月 15 日 08 时地面天气图

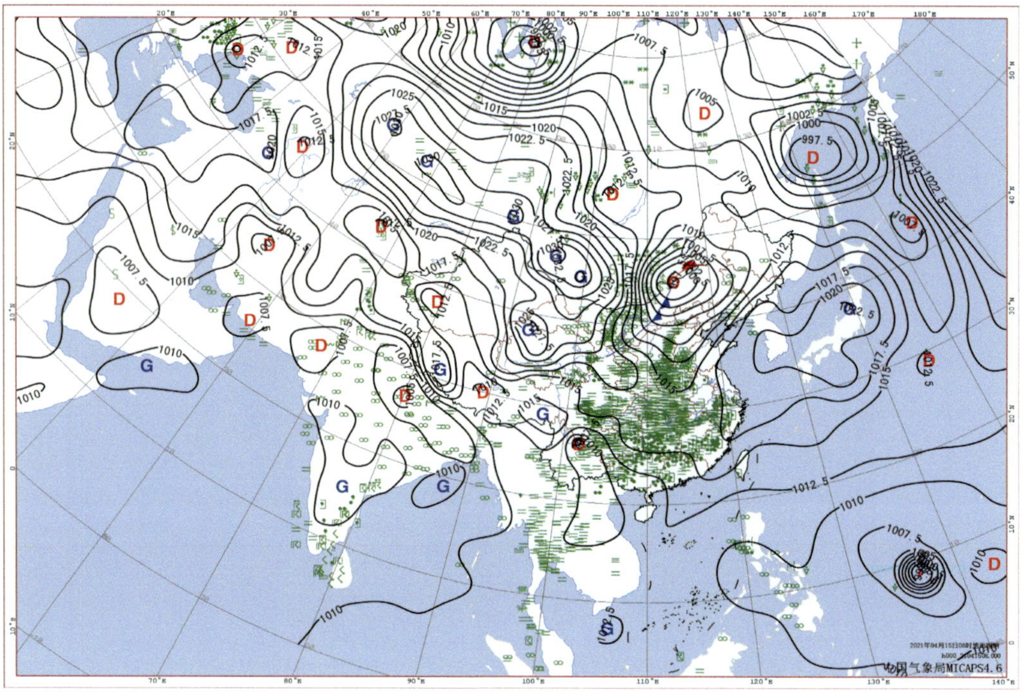

5.7.5 气象卫星监测图

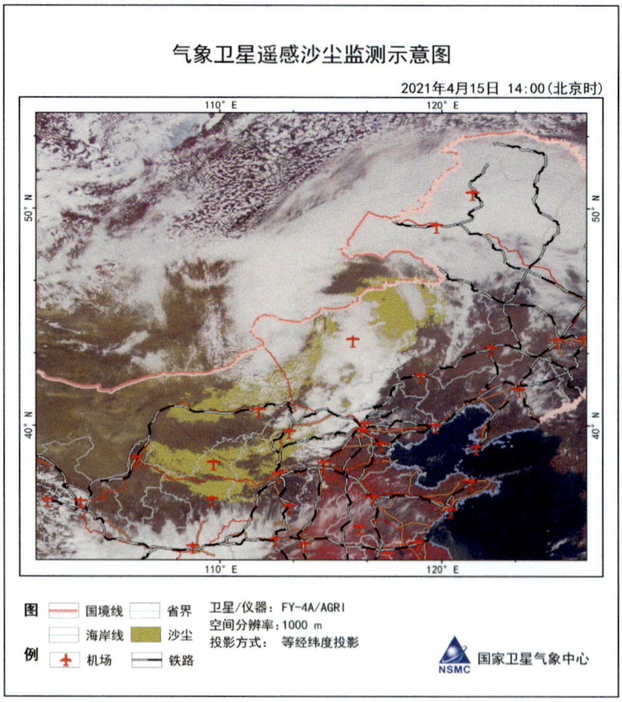

5.8 4月25—27日扬沙天气过程

5.8.1 沙尘天气过程描述

起止时间	4月25—27日
类　型	扬沙天气过程
最大风速(单位：m/s) 及出现站点	18 内蒙古：阿巴嘎旗、满都拉
最小能见度(单位：km) 及出现站点	0.7 甘肃：金塔
沙尘路径	偏西路径型
沙尘暴站点	甘肃：张掖 内蒙古：拐子湖、满都拉
强沙尘暴站点	/
影响系统	蒙古气旋、地面冷锋

5.8.2 沙尘天气范围图

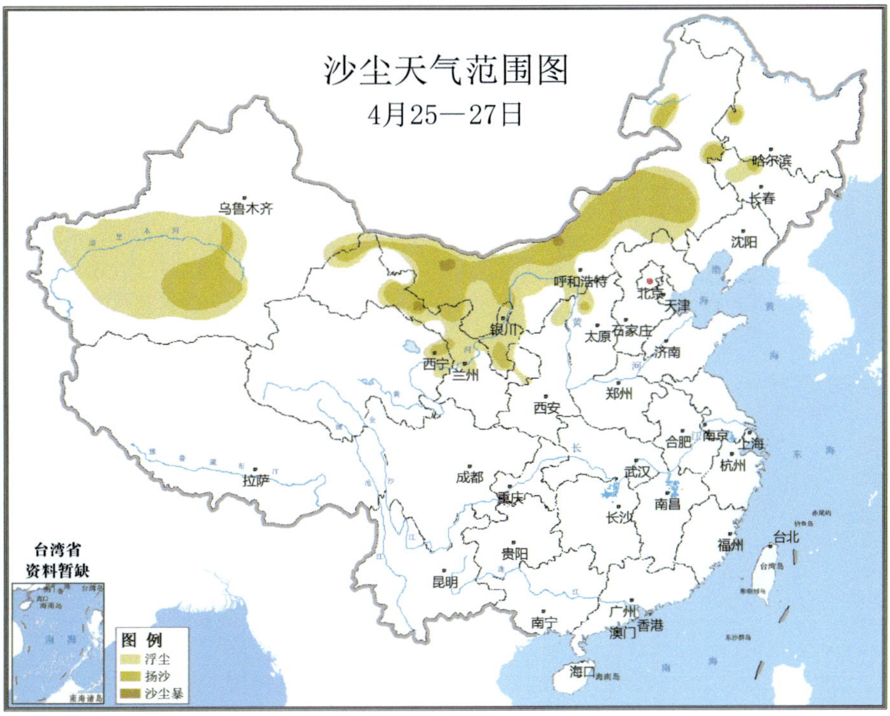

5.8.3 2021 年 4 月 26 日 20 时 500 hPa 环流形势图

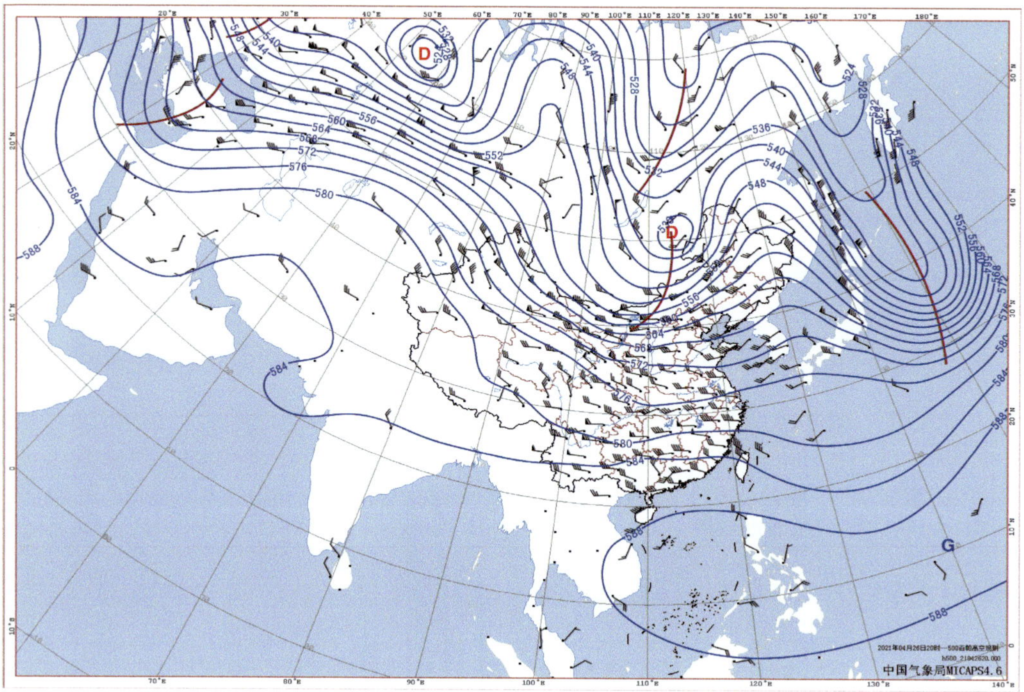

5.8.4 2021 年 4 月 26 日 20 时地面天气图

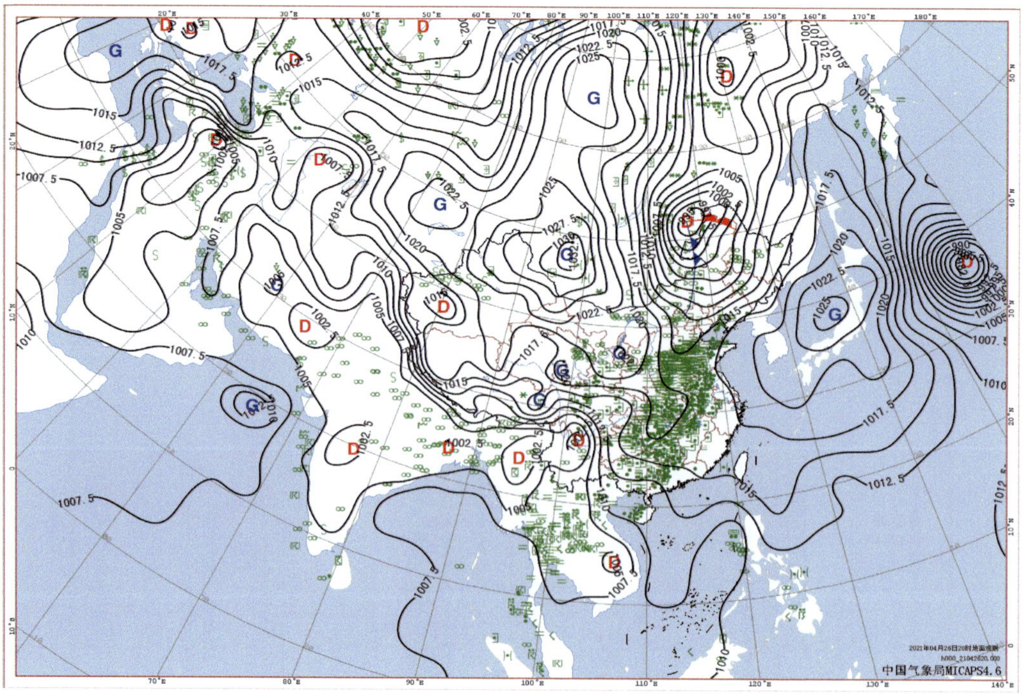

5.8.5 气象卫星监测图

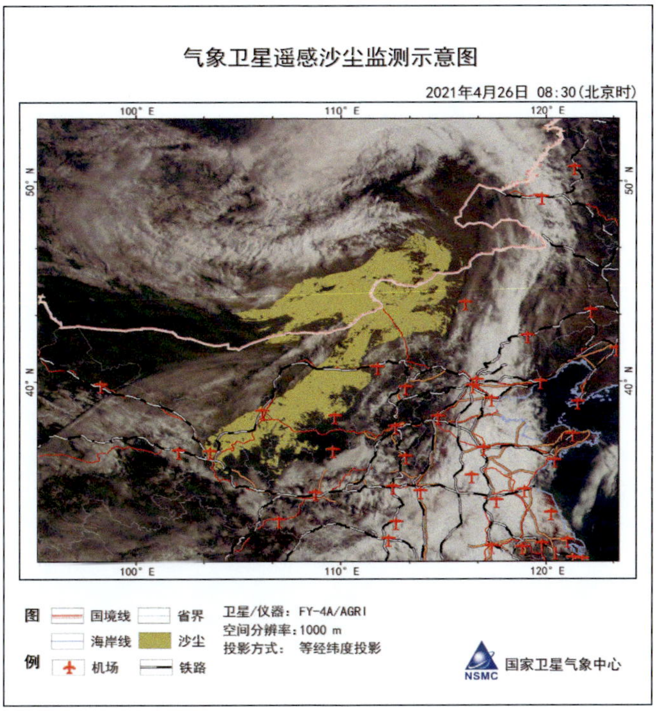
气象卫星遥感沙尘监测示意图
2021年4月26日 08:30(北京时)
100° E
110° E
120° E
50° N
40° N
图例
国境线
省界
海岸线
沙尘
机场
铁路
卫星/仪器：FY-4A/AGRI
空间分辨率：1000 m
投影方式：等经纬度投影
NSMC
国家卫星气象中心

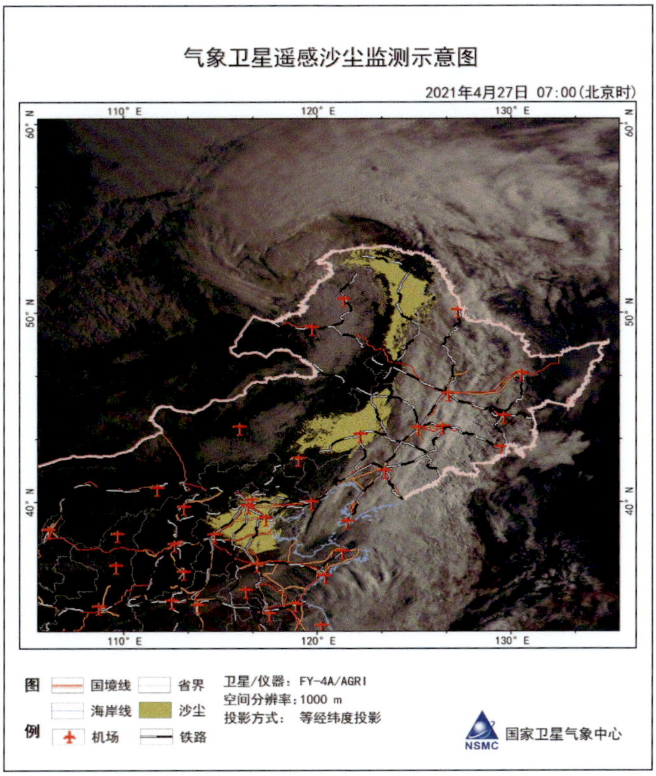
气象卫星遥感沙尘监测示意图
2021年4月27日 07:00(北京时)
110° E
120° E
130° E
60° N
50° N
40° N
图例
国境线
省界
海岸线
沙尘
机场
铁路
卫星/仪器：FY-4A/AGRI
空间分辨率：1000 m
投影方式：等经纬度投影
NSMC
国家卫星气象中心

5.9 5月1—3日扬沙天气过程

5.9.1 沙尘天气过程描述

起止时间	5月1—3日
类　型	扬沙天气过程
最大风速(单位：m/s) 及出现站点	27 新疆：十三间房
最小能见度(单位：km) 及出现站点	0.3 新疆：于田
沙尘路径	偏西路径型
沙尘暴站点	新疆：石河子、奇台、且末
强沙尘暴站点	/
影响系统	地面冷锋

5.9.2 沙尘天气范围图

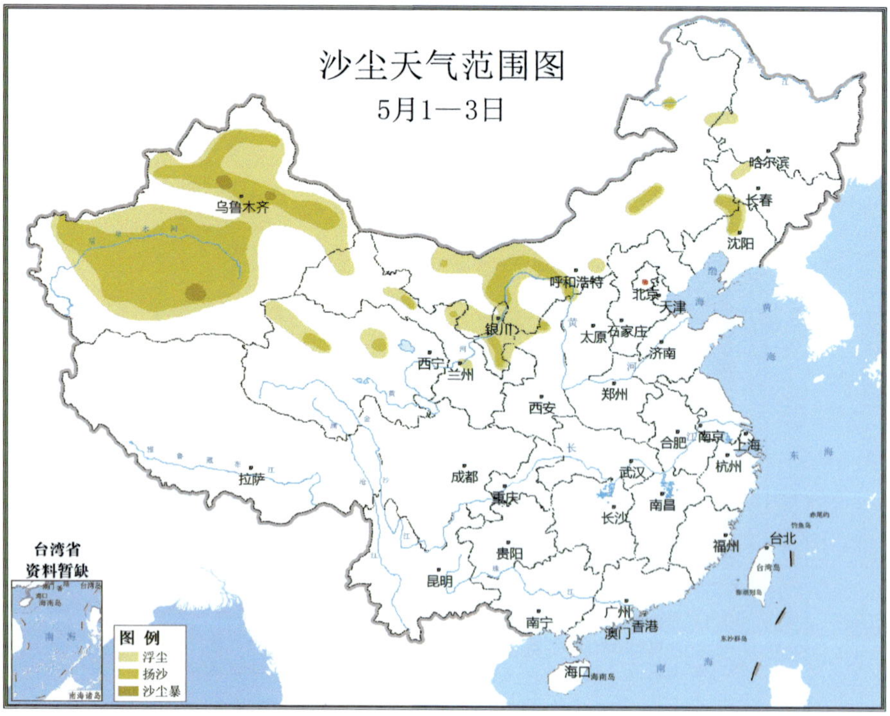

5.9.3　2021 年 5 月 3 日 08 时 500 hPa 环流形势图

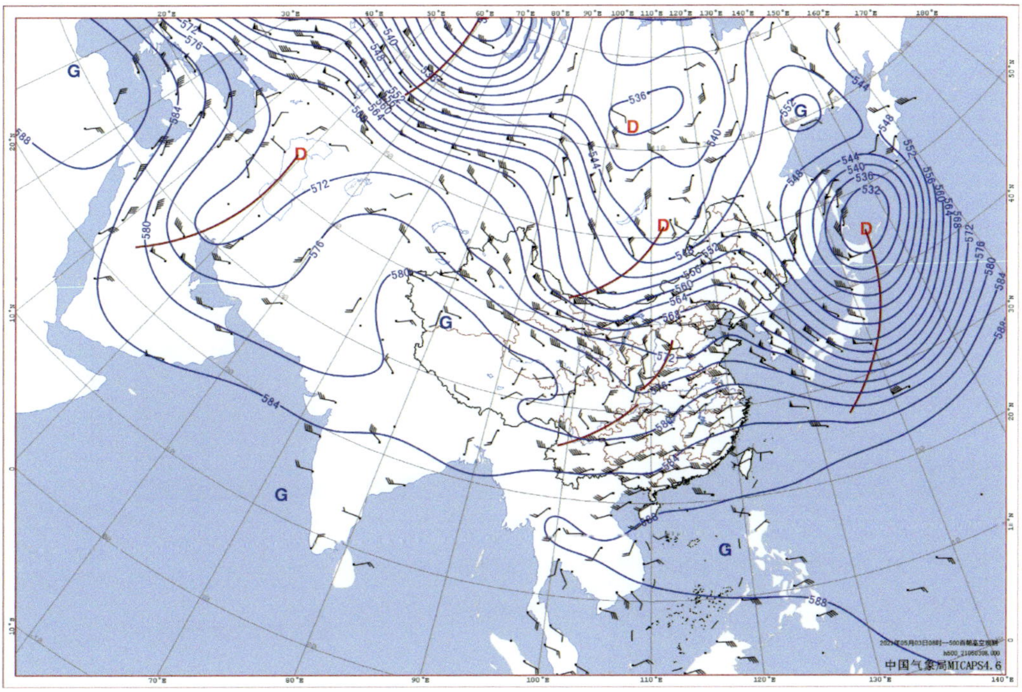

5.9.4　2021 年 5 月 3 日 08 时地面天气图

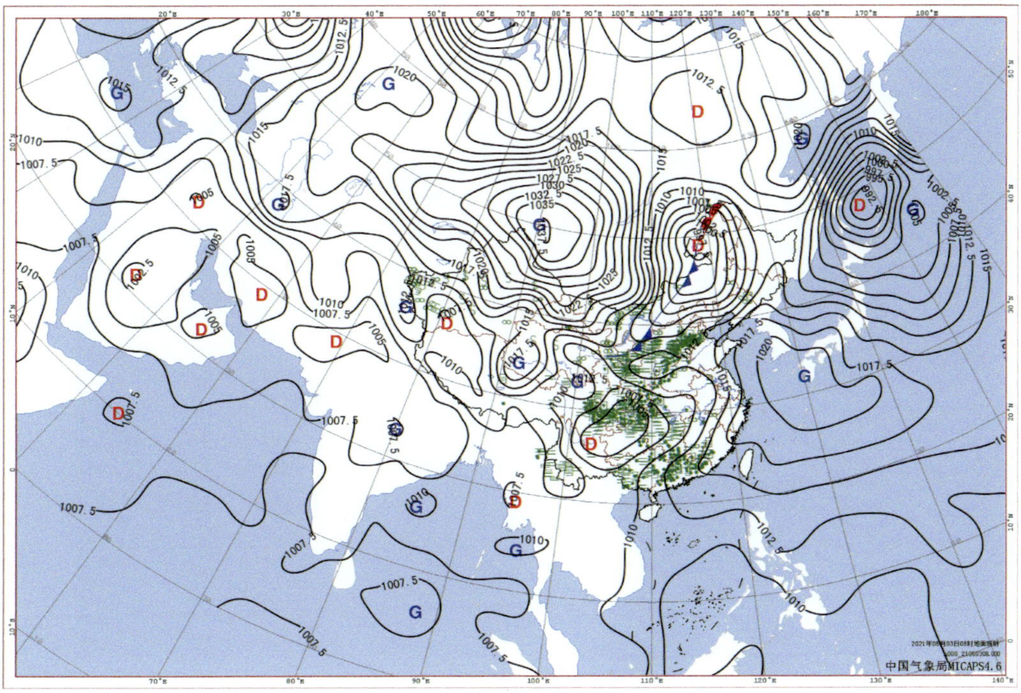

5.9.5 气象卫星监测图

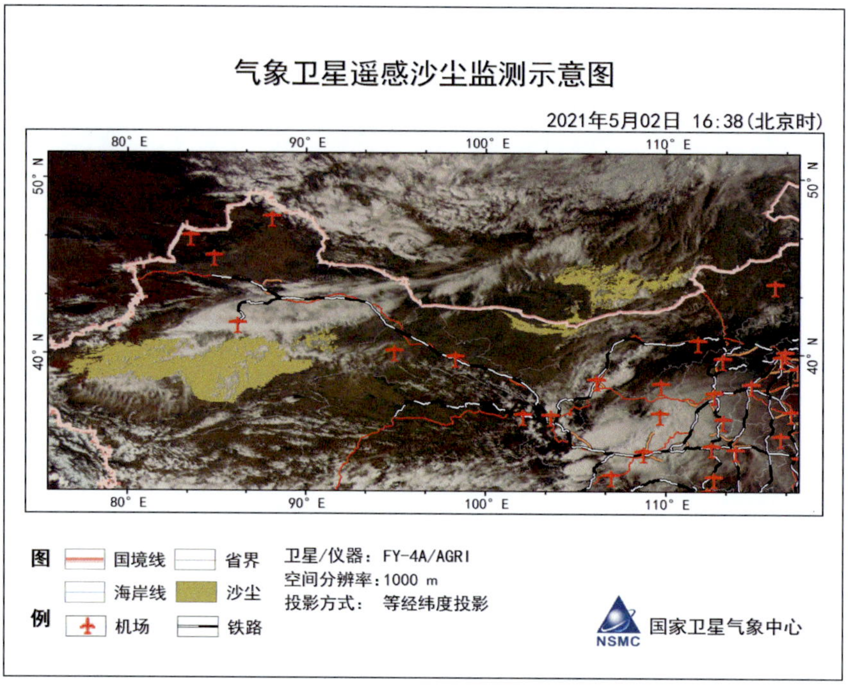

5.10 5月6—8日沙尘暴天气过程

5.10.1 沙尘天气过程描述

起止时间	5月6—8日
类　型	沙尘暴天气过程
最大风速(单位：m/s)及出现站点	19 内蒙古：满都拉
最小能见度(单位：km)及出现站点	0.1 内蒙古：满都拉
沙尘路径	西北路径型
沙尘暴范围	内蒙古中部、山西北部
强沙尘暴站点	/
影响系统	蒙古气旋、地面冷锋

5.10.2 沙尘天气范围图

5.10.3 2021 年 5 月 6 日 20 时 500 hPa 环流形势图

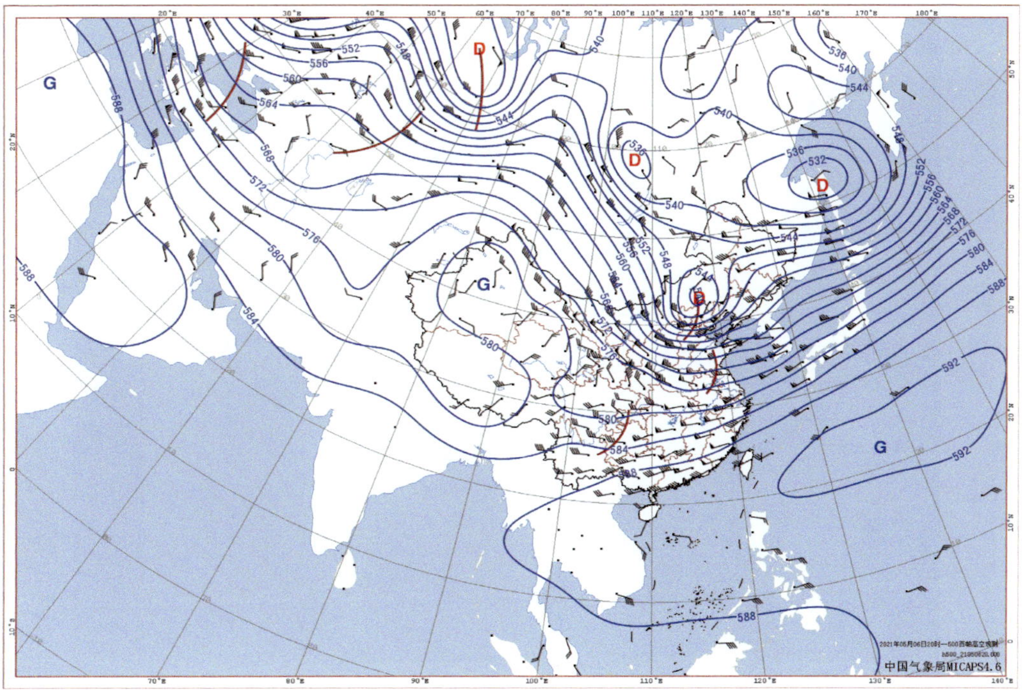

5.10.4 2021 年 5 月 6 日 20 时地面天气图

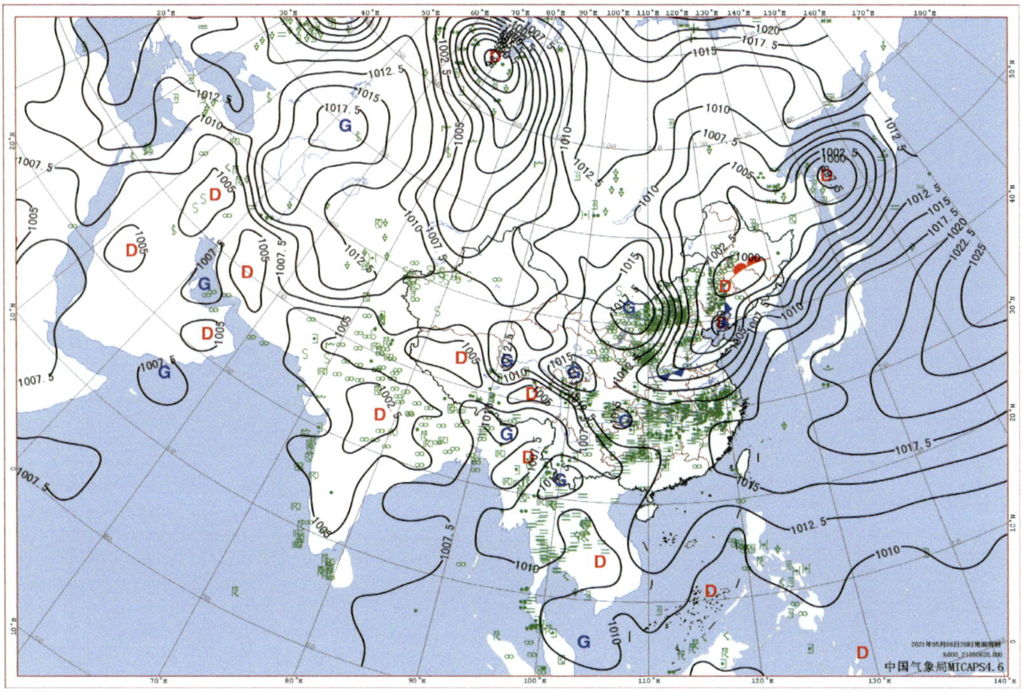

5.11 5月11—12日扬沙天气过程

5.11.1 沙尘天气过程描述

起止时间	5月11—12日
类 型	扬沙天气过程
最大风速(单位：m/s) 及出现站点	15 新疆：轮台
最小能见度(单位：km) 及出现站点	0.1 新疆：和田、民丰
沙尘路径	南疆盆地型
沙尘暴范围	新疆南疆盆地
强沙尘暴站点	新疆：塔中
影响系统	地面冷锋

5.11.2 沙尘天气范围图

5.11.3 2021 年 5 月 11 日 20 时 500 hPa 环流形势图

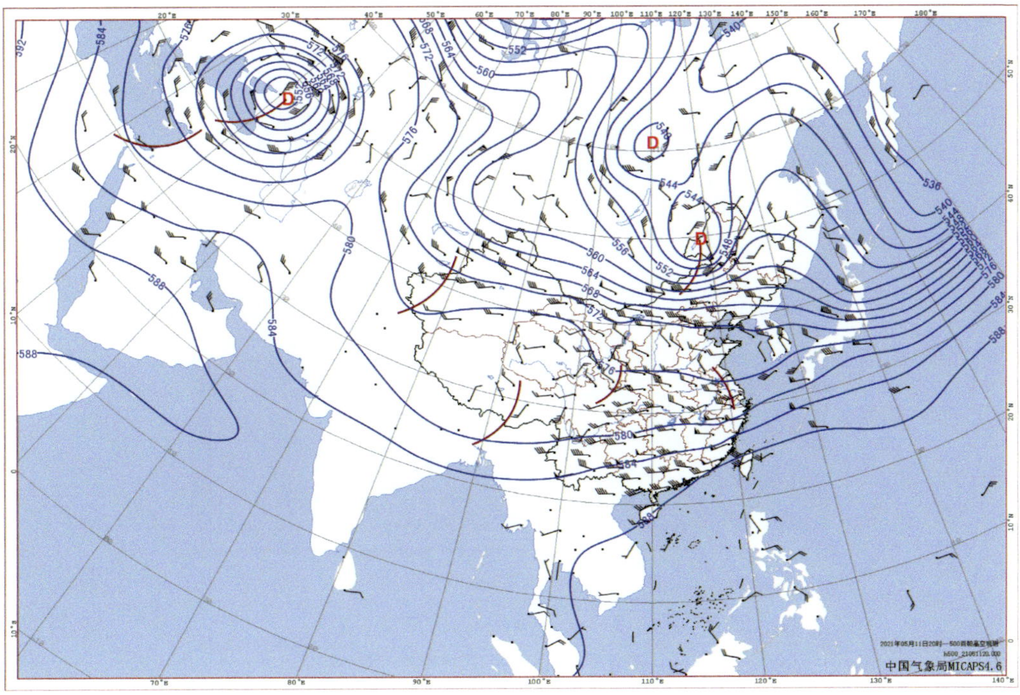

5.11.4 2021 年 5 月 11 日 20 时地面天气图

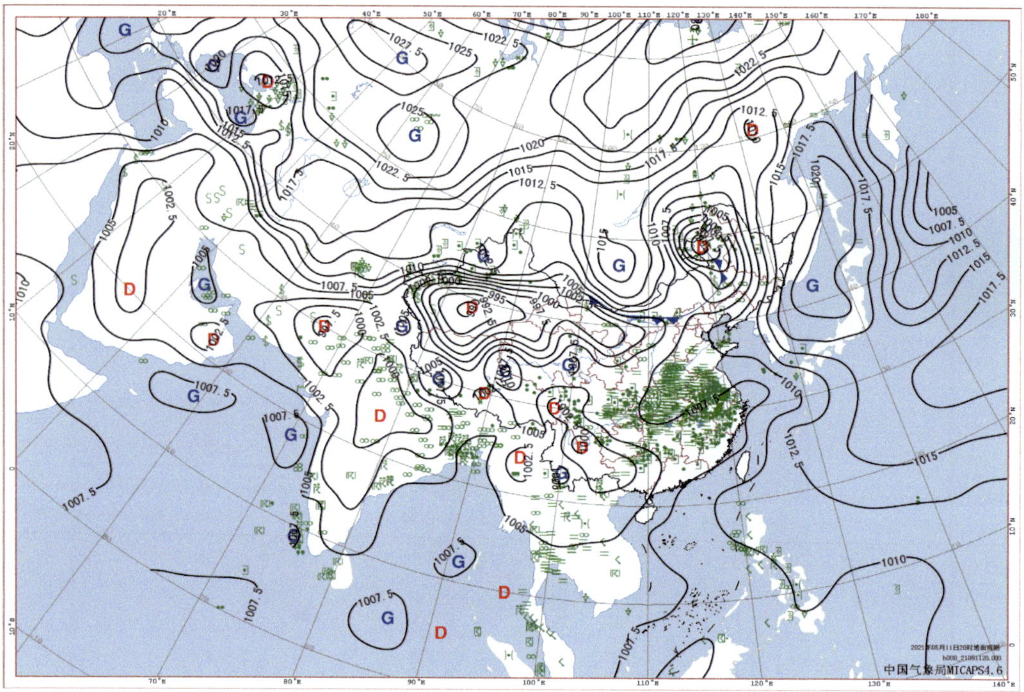

5.11.5 气象卫星监测图

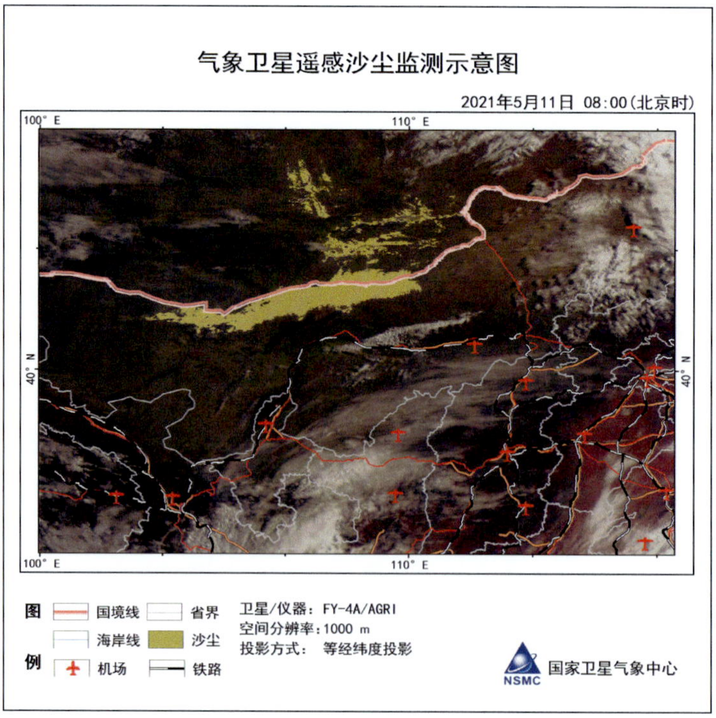

5.12 5月22—24日扬沙天气过程

5.12.1 沙尘天气过程描述

起止时间	5月22—24日
类　型	扬沙天气过程
最大风速(单位：m/s) 及出现站点	15 内蒙古：苏尼特左旗
最小能见度(单位：km) 及出现站点	0.8 内蒙古：满都拉
沙尘路径	西北路径型
沙尘暴站点	内蒙古：满都拉
强沙尘暴站点	/
影响系统	地面冷锋

5.12.2 沙尘天气范围图

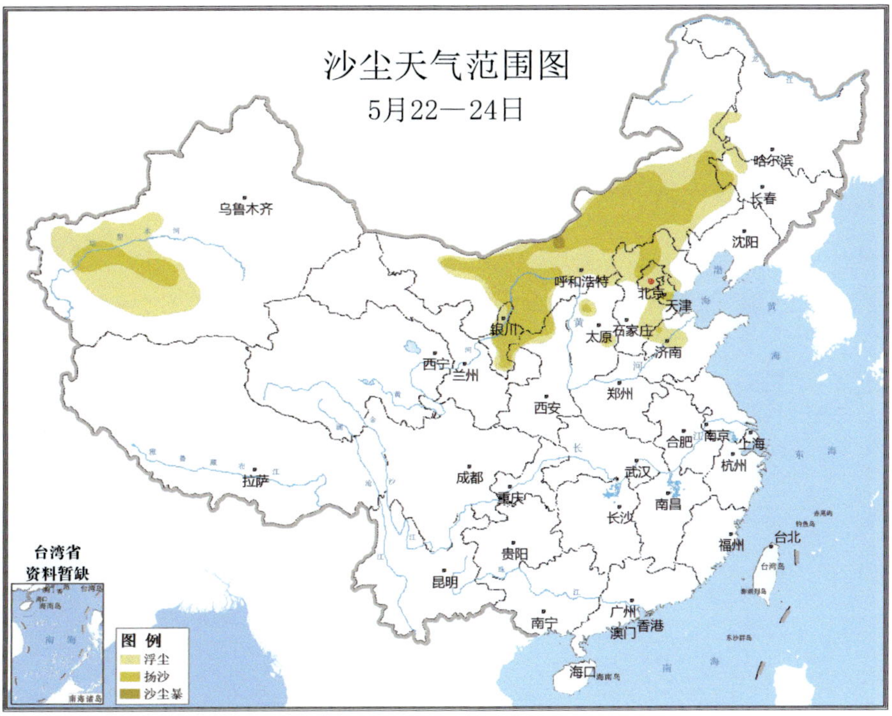

5.12.3 2021 年 5 月 22 日 08 时 500 hPa 环流形势图

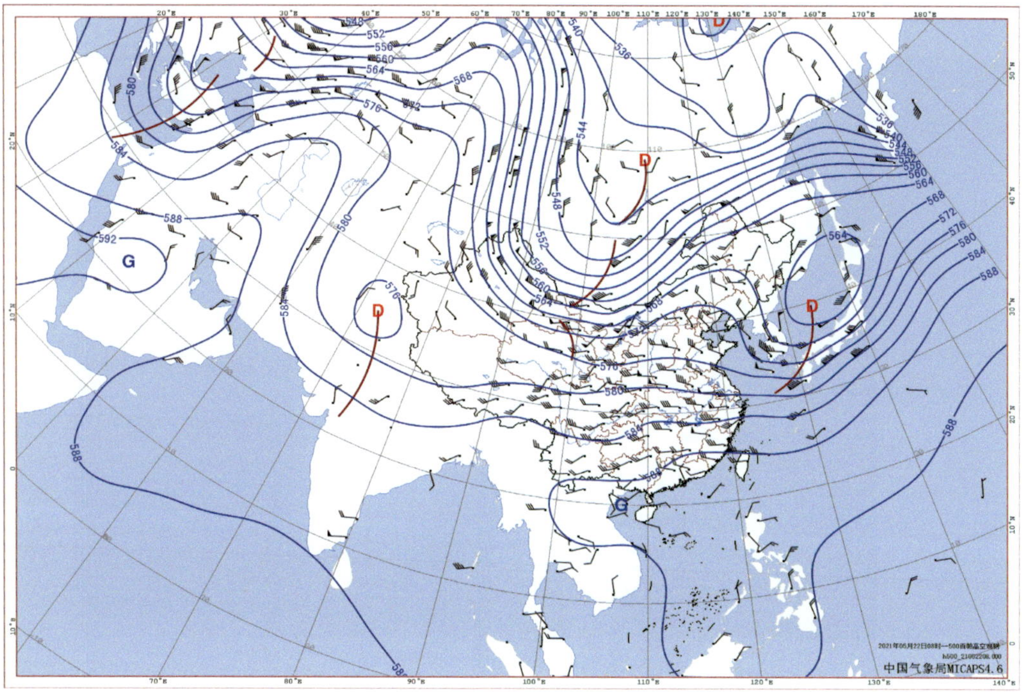

5.12.4 2021 年 5 月 22 日 08 时地面天气图

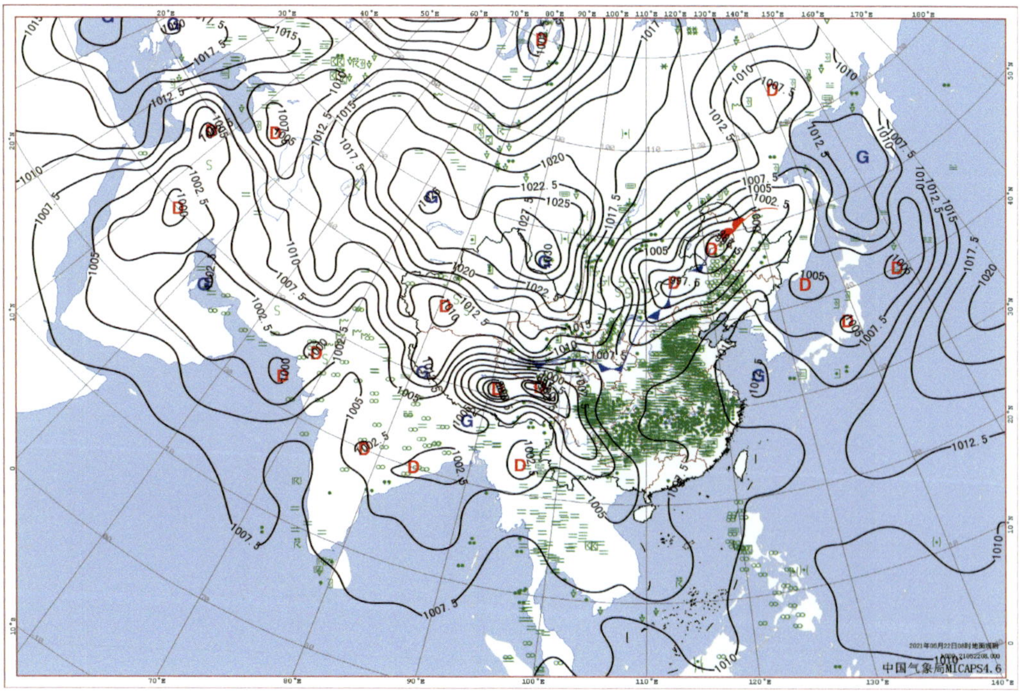

5.13　11月5—6日沙尘暴天气过程

5.13.1　沙尘天气过程描述

起止时间	11月5—6日
类　型	沙尘暴天气过程
最大风速(单位：m/s) 及出现站点	30 新疆：十三间房
最小能见度(单位：km) 及出现站点	0.2 新疆：塔中
沙尘路径	偏西路径型
沙尘暴站点	新疆：阿拉尔、民丰、且末
强沙尘暴站点	新疆：十三间房、塔中、若羌
影响系统	地面冷锋

5.13.2　沙尘天气范围图

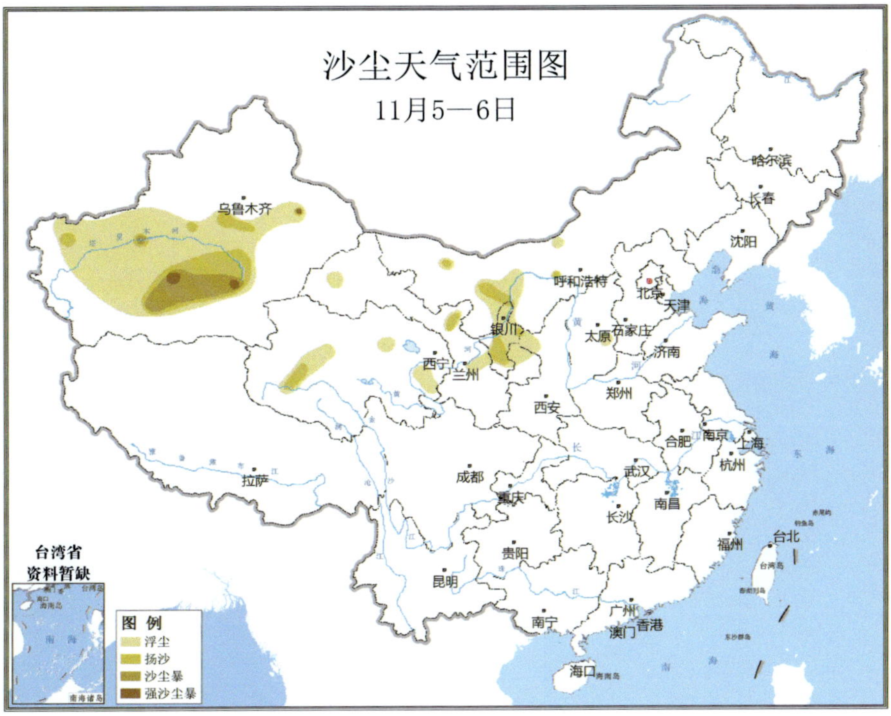

5.13.3 2021 年 11 月 5 日 20 时 500 hPa 环流形势图

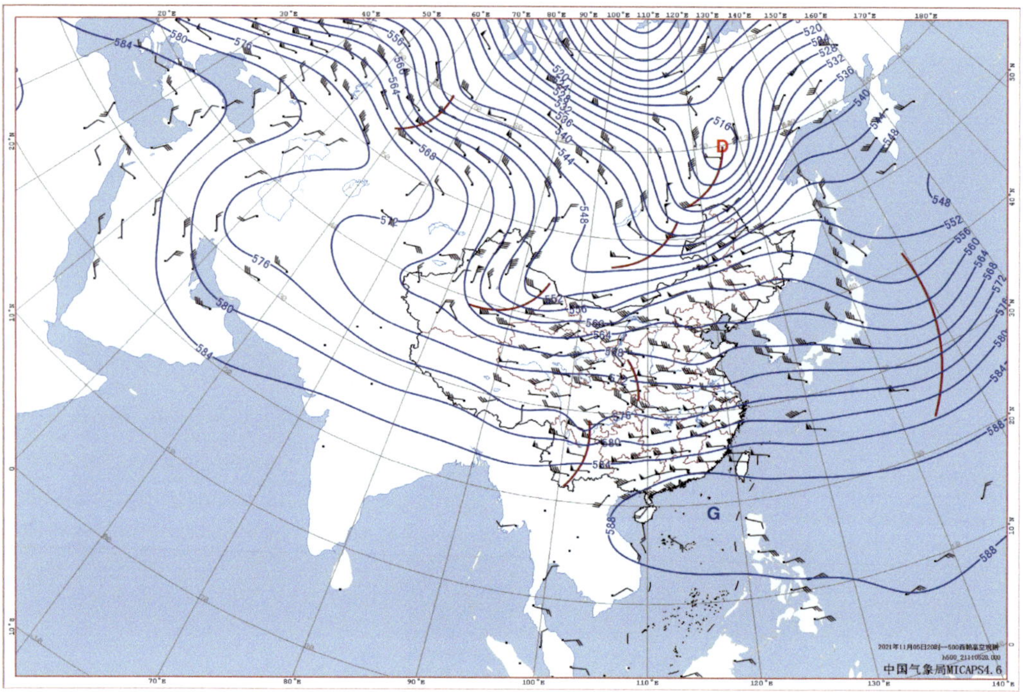

5.13.4 2021 年 11 月 5 日 20 时地面天气图

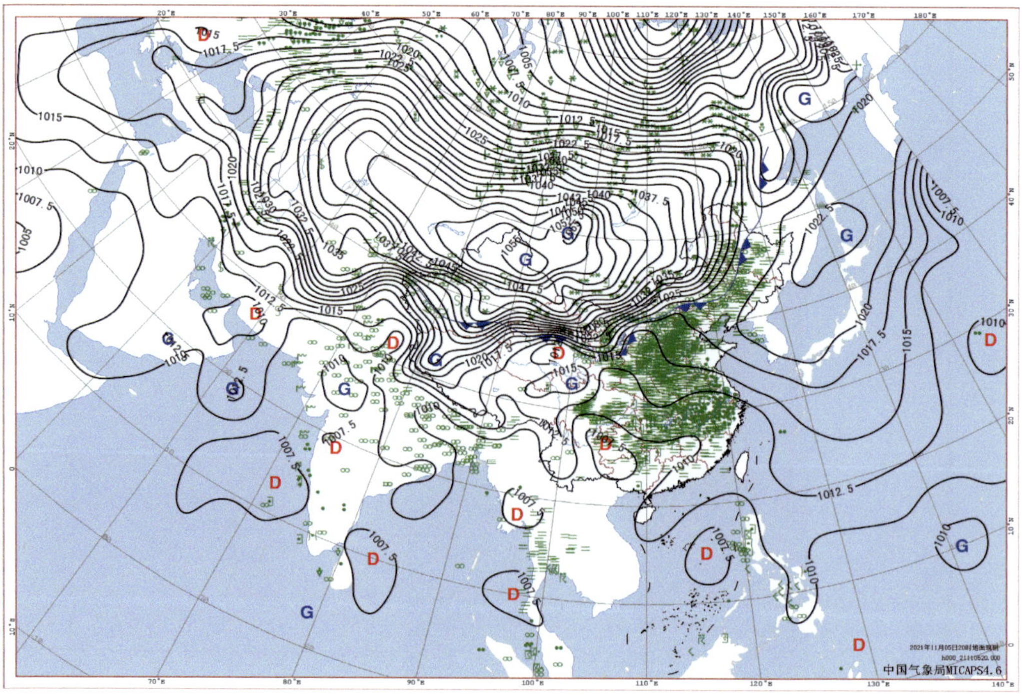